江苏省高等学校精品教材配套实验指导
高等职业教育课程改革示范教材·物理

U0367553

应用物理实验指导

第二版

主　编　张田林　李汉权

副主编　徐礼明　钱　志　周全生

参　编　沈梅梅　范凤萍　王小丽

主　审　陆建隆

南京大学出版社

图书在版编目(CIP)数据

应用物理实验指导 / 张田林,李汉权主编. —2 版.
—南京:南京大学出版社,2016.8(2021.9 重印)
高等职业教育课程改革示范教材
ISBN 978-7-305-17528-2

Ⅰ.①应… Ⅱ.①张…②李… Ⅲ.①应用物理–
实验–高等职业教育–教材 Ⅳ.①O59-33

中国版本图书馆 CIP 数据核字(2016)第 203942 号

出版发行	南京大学出版社
社　　址	南京市汉口路 22 号　　邮　编　210093
出 版 人	金鑫荣
丛 书 名	**高等职业教育课程改革示范教材**
书　　名	**应用物理实验指导**
主　　编	张田林　李汉权
责任编辑	沈　洁　　　　　　　　编辑热线　025-83593962
照　　排	南京紫藤制版印务中心
印　　刷	南京人文印务有限公司
开　　本	787×1092　1/16　印张 13.5　字数 335 千
版　　次	2016 年 8 月第 2 版　2021 年 9 月第 3 次印刷
ISBN	978-7-305-17528-2
定　　价	35.00 元

网　　址	http://www.njupco.com
官方微博	http://weibo.com/njupco
官方微信	njupress
销售热线	(025)83594756

第二版前言

物理学从本质上说是一门实验科学，物理概念的建立和物理规律的发现都以严格的实验事实为基础，并且不断受到实验的检验。物理学在自然科学其他领域、各高新技术领域的广泛应用也离不开实验。在物理学发展和应用的过程中，人类积累了丰富的实验方法，设计制造出了各种精密巧妙的仪器设备，从而使物理实验课程有了充实的实验内容。物理实验在培养学生严谨的科学思维和理论联系实际的能力方面，在训练学生运用实验手段去观察、分析、发现乃至研究、解决问题的能力方面，在提高学生科学文化素养方面，都起着极其重要的作用。

提高全民族科学文化素养，培养具有一定理论知识和较强动手实践能力的技术应用型人才，是当前高职教育的价值取向，在这样的教育思想指导下，高职教育课程体系及内容的确定，当以"实践"、"应用"为特征，以"必需"、"够用"为度。应用物理实验课程的教学，在对高职理工科类学生的培养中，有着重要且其他课程不可取代的作用，本课程将对学生在实验方法和实验技能方面进行较为系统的训练，引导学生确立正确的科学思想和掌握科学的研究方法，强化学生动手实践能力，培养学生创新意识和创新能力，并且为后续的专业学习提供支撑。

在江苏省基础课程教学改革委员会的指导下，我们组织了一批教学经验丰富，且热心于高职物理实验课程教学研究的教师，进行了高职物理实验教学的研讨，并编写出版了本书，其主要思路及特点为：

一、强调科学实验方法的培养。本书第一章将对学生进行实验误差理论和数据处理方法方面的训练，同时，每个实验中，包含重点选用的实验方法、数据处理分析方法等内容，从而使学生掌握基本的科学实验方法，同时也为后续的专业课程学习以及生产科研活动打基础。

二、强调对物理实验原理的理解。每个实验，对其原理部分进行了精讲细解，实验后，还提出了许多思考问题，在培养学生能力的同时，还促使学生对知识进行理解和掌握，使学生不仅会做实验，更重要的是使学生懂得实验。

三、强调实验技能的训练。实验中，内容、方法、步骤的安排很具体，并且列出了注意事项及思考，其中的许多内容，将促使学生对实验方法和步骤进行总结思考和调整。

四、重视知识的应用和拓展。本书尽可能多地选用了与生产、生活、科研相关的物理实验。许多实验，其原理、方法、结果意义等多方面都有着实际的应用，大部分实验后配备了附加内容，有的是提出了不同的实验方法，有的是介绍具体应用，有的是进行相关知识的拓展。

五　重视学生探究能力的培养。本书第四章是设计性实验，在提出实验目的和内容要求后，要求学生清晰地理解实验原理、自行设计实验方法、自行决定所要采集的数据、自行确定数据处理方法，实际上是要求学生通过研究性学习，促进科学探究能力的提高。

六、内容灵活可选择。本书共列出了三十个实验，分为基础实验、综合实验和设计性实验三部分，每个实验内容力求周详，以利于学生自习和预习，考虑到物理课程的实际情况及不同专业学生教学的需要，在实际教学中可对实验进行选做。同一实验下介绍的多个实验方法，有利于师生根据具体实际情况进行选择。

本书作为高职院校理工类学生物理实验指导教材，也适合文科类学生阅读，也可供一般读者了解物理知识、加强实验能力、了解现代技术应用参考使用。

参与本教材编写的院校人员以及相应的编写内容如下。

江苏农林职业技术学院：张田林，编写了绪论、实验 2.5(Ⅰ)、实验 3.1、实验 3.2、实验 3.3、实验 3.5(Ⅱ)、实验 4.3、实验 4.5、附录；徐礼明，编写了第 1 章、实验 2.7、实验 2.9、实验 2.10、实验 3.6、实验 3.7、实验 3.9、实验 3.11。扬州职业大学：沈梅梅，编写了实验 2.1、实验 3.5(Ⅰ)、实验 3.12；李汉权，编写了实验 2.5(Ⅱ)、实验 3.4、实验 3.15、实验 4.1。常州工程职业技术学院：周全生，编写了实验 2.3、实验 3.14、实验 4.2、实验 4.4；范凤萍，编写了实验 2.6、实验 3.8。江苏畜牧兽医职业技术学院：钱志，编写了实验 2.2、实验 2.4、实验 2.8、实验 3.10、实验 3.13。

本书由张田林、李汉权统稿，南京师范大学物理科学与技术学院陆建隆教授审稿，江苏农林职业技术学院王小丽老师参与绘制了大量图片，本书出版也得到了南京大学出版社领导和编辑们的大力支持，在此表示诚挚的感谢。由于编者水平有限，错误和疏漏在所难免，恳请斧正。

编　者

2016 年 5 月

目　录

绪　论 ……………………………………………………………………………… 1

第1章　物理实验误差理论与数据处理 …………………………………………… 4

§1.1　测量与误差 ……………………………………………………………… 4

§1.2　测量的不确定度评定 …………………………………………………… 7

§1.3　有效数字及其运算 ……………………………………………………… 13

§1.4　实验数据处理方法 ……………………………………………………… 19

§1.5　利用 Excel 软件处理实验数据 ………………………………………… 25

第2章　基础实验 ……………………………………………………………………… 32

实验 2.1　形状规则固体密度的测量 ……………………………………… 32

实验 2.2　用单摆测重力加速度 …………………………………………… 39

实验 2.3　固体材料杨氏模量的测定 ……………………………………… 42

实验 2.4　毛细管法测定液体表面张力系数 ……………………………… 46

实验 2.5　刚体转动惯量的测定 …………………………………………… 49

实验 2.6　固体导热系数的测定 …………………………………………… 58

实验 2.7　模拟法测绘静电场 ……………………………………………… 62

实验 2.8　示波器的使用 …………………………………………………… 67

实验 2.9　分光计的调节与使用 …………………………………………… 76

实验 2.10　半导体 PN 结的物理特性 ……………………………………… 83

第3章　综合实验 ……………………………………………………………………… 89

实验 3.1　流体运动规律研究 ……………………………………………… 89

实验 3.2　太阳电池伏安特性研究 ………………………………………… 95

实验 3.3　电表的改装与校准 ……………………………………………… 100

实验 3.4　用电位差计测电动势 …………………………………………… 107

实验 3.5　用电桥测量电阻 ………………………………………………… 111

实验 3.6　补偿法测量电阻 ………………………………………………… 121

实验 3.7　RLC 交流电路特性的研究 ……………………………………… 124

实验 3.8　利用霍耳效应测磁场 …………………………………………… 133

实验 3.9　电子束在电场和磁场中的运动 ………………………………… 139

实验 3.10 折射率测定 ·· 146

实验 3.11 光波波长的测定 ·· 149

实验 3.12 光的干涉和衍射 ·· 153

实验 3.13 光电效应与普朗克常数的测定 ························ 161

实验 3.14 传感器综合实验 ·· 165

实验 3.15 光通讯综合实验 ·· 168

第 4 章 设计性实验 ·· 173

实验 4.1 碰撞打靶 ·· 173

实验 4.2 制作万用表 ··· 176

实验 4.3 电子温度计的制作 ·· 189

实验 4.4 超声声速测量与超声测厚 ································· 192

实验 4.5 照明线路安装 ·· 198

附录 ·· 205

附录 1 中华人民共和国法定计量单位 ···························· 205

附录 2 物理学常用基本常量 ··· 208

参考文献 ··· 209

绪　　论

一、物理实验课的目的和任务

物理学是自然科学中最重要、最活跃的带头学科之一，物理学理论和实验的发展哺育着近代高新技术的成长和发展，物理实验的思想、方法、技术和装置常常是自然科学研究和工程技术发展的生长点。物理实验是根据研究目的，选用合适的仪器和装置，人为地控制、创造或纯化某种自然过程，同时在尽可能减少干扰的情况下进行观测，以探求该自然过程变化规律的一种科学实践。

物理实验课程是学生进入大学后接受到系统的实验思想和实验技能训练的一门实践性课程，是各门后续实验课的基础。所以本课程在培养学生观察、分析、发现问题的能力以及培养学生动手能力和创新精神等方面都起着重要的作用。

物理实验的作用不仅在于实验的内容上，更重要的是实验进行的过程，在实验过程中，学生不仅掌握了知识，培养了能力，而且通过实验过程了解了科学研究的方法，树立了严谨的科学态度和一丝不苟的工作作风，为将来的工作和学习打下坚实的基础。《应用物理实验指导》与物理课程相配套，它有如下四个方面的目的和任务：

1. 通过对实验现象的观察、分析和对物理量的测量，使学生掌握物理实验的基本知识、基本方法和基本技能；同时通过对物理原理的运用、物理实验方法的训练，加深了对物理学基本原理的理解。

2. 培养和提高科学实验的能力。

(1) 信息处理能力：通过自行阅读实验教材或网上查找资料，正确理解实验内容，在实验前作好实验准备，在实验后运用计算机处理实验数据。

(2) 动手实践能力：借助教材或仪器说明书，正确调整和使用常用仪器。

(3) 思维判断能力：运用物理理论，对实验现象进行分析和判断。

(4) 书面表达能力：正确记录和处理数据，撰写合格的实验报告。

(5) 综合设计能力：根据课题要求，确定实验方法和条件，合理选择实验仪器，拟定具体的实验步骤。

(6) 科技创新能力：通过设计性实验，了解知识的发现与创新的过程，强化创新意识，促进创新思维。

3. 通过对实验原理和方法的理解，了解相关原理和方法在实际生活、生产及科学研究上的应用，提高学生对科学知识的实际应用能力，同时提高创新能力。

4. 培养学生的科学素养。在物理实验过程中，培养学生实事求是的科学作风、严肃认真的工作态度、主动进取的探索精神、相互协作的团队意识和爱护公物的优良品质，为后续课程的学习乃至终身教育奠定良好的基础。

二、物理实验课程的主要教学环节

科学实验的全过程通常包括：(1) 确定课题；(2) 根据课题内容收集资料；(3) 制定研究方案；(4) 设计实验程序；(5) 选择合适的仪器设备；(6) 实验研究，包括操作、观测、记录、分析、进一步实验；(7) 撰写实验研究报告(论文)。应用物理实验指导将在基础实验、综合实验、设计性实验的教学中对学生进行相关的训练，让学生体验到科学实验的全过程。物理实验课程的教学环节大致可分为以下三个部分：

1. 实验预习

实验前要仔细阅读实验教材与有关资料，了解实验的目的要求、原理和方法，初步了解实验所需的测量仪器的主要性能、使用方法和注意事项。

如果是设计性实验，则需要制定初步的实验方案，明确实验的原理、设计实验的步骤、考虑需要测量的实验数据及处理方法、提出对仪器设备的要求等。

2. 实验操作

实验时应遵守实验室规章制度，以进行科学研究的姿态，井井有条地布置实验仪器，安全操作，细心观察实验现象，认真思考和探索实验中出现的问题。特别是设计性实验，在遇到困难时，应看做是进一步学习的机会，认真分析，找出问题所在，不断修正实验方法甚至可以重新设计实验方案。仪器设备发生故障时，应在教师的指导下学习排除故障。实验中要正确记录数据(特别是单位和有效数字位数)，如发现数据有疑问时，可以重新实验，并对原来数据做好标记，以备查考，没有重新测量绝不允许修改实验数据。

3. 实验总结

实验报告是对整个实验工作的全面总结。实验结束后，要将实验结果真实地在实验报告中表达出来，内容既要完整，又要避免烦琐，力求简明扼要，这也是培养科学实验素质的内容之一。

实验报告要求文字通顺，书写端正，数据齐全，图表规范，结果表示正确(包括误差)，分析讨论认真。实验报告的内容应包括以下几个方面：(1) 实验名称；(2) 实验目的；(3) 实验仪器及设备；(4) 实验原理及计算公式；(5) 实验步骤；(6) 实验数据记录及处理(包括计算、必要的图表、误差分析等)；(7) 实验结果；(8) 分析讨论。

对于设计性实验，则应对实验原理、公式推导、仪器设备的选择、实验方案的设计、操作步骤、数据结果的分析等有比较详细的叙述。

三、物理实验课程学生须知

1. 实验课前应充分做好预习工作，真正了解本次实验"做什么、怎么做、为什么这样做"，在了解本次实验的目的、原理的基础上，弄清要观察哪些现象，测量哪些物理量，用什么方法和仪器来测定，应如何来处理实验数据，必要时还要设计好数据表格。凡未预习或预习不充分的学生，实验后获得的收获将会很有限。

2. 实验时应严肃认真，养成严谨求实的工作作风，不得伪造实验数据或相互抄袭实验结果。

3. 实验课应注意安全，爱护仪器，如有遗失或损坏仪器等情况发生，请及时向指导教师报告,教师将酌情按有关章程制度处理。实验结束应将仪器、桌凳等整理好后再离开实验室。

4. 每次实验必须携带实验指导书、图纸、计算器及必备的文具。

5. 每次实验的数据,请记录在实验指导书的"实验数据记录"部分,实验完毕须经指导教师审核实验结果(包括数据处理)并签阅后方可结束实验。

6. 设计性实验,可根据选择的内容在规定的时间内完成,可以以小论文的形式撰写实验报告。若学生需要做其他内容的研究,必须经指导老师同意,并由指导老师了解、关注研究过程。

7. 指导教师根据学生的实验预习情况、实际操作能力、实验报告书写、实验态度等因素对每个学生所做的每个实验进行综合评定,给予一定的成绩。物理实验课程的总成绩由学生所做的每个实验的成绩和实验个数决定。

第1章　物理实验误差理论与数据处理

§1.1　测量与误差

进行物理实验,总是使用一定的实验方法,选用一定的仪器,在一定的条件下对某些物理量进行测量,最后用正确的形式把实验结果表示出来。由于实验方法的选择、实验仪器的精度、实验环境的变化以及实验者的习惯等因素,不可能使得实验结果非常完美,即一定存在着误差。进行正确的实验数据处理,使得测量结果尽可能地接近真值、误差更小,这是实验过程中必须掌握的。

1.1.1　测　量

1. 测量的定义

物理实验离不开测量,所谓测量,就是借助仪器或量具,通过一定的方法直接或间接地用"标准"与被测对象进行比较。测量的结果应包括数值、单位以及对测量可信赖程度的描述。

2. 测量的分类

按照测量方法的不同,可将测量方法分为直接测量法、间接测量法和组合测量法。

（1）直接测量

能够用仪器或量具直接得到被测量值的大小的测量方法称为直接测量法。相应测得的物理量称为直接测量量。例如用米尺测量物体的长度 L,用等臂天平测量物体的质量 M 等就是直接测量。

（2）间接测量

有些物理量是不能够用所给的仪器直接测量的,而是要以直接测量为基础,并通过直接测量量利用一定的函数关系求出被测量的大小,这种测量方法称为间接测量法。例如用游标卡尺来测量圆柱体的体积 V。首先要通过对其直径 d、高度 h 的测量,然后用函数关系 $V=\frac{\pi}{4}d^2h$ 来求得 V,所以这种测量是间接测量。

在大学物理实验中遇到的测量,大多是间接测量。而间接测量又是以直接测量为基础的,只有通过与最终被测量有函数关系的其他量的直接测量,才能得到最终被测量的量值。

测量中对同一被测量可以只测量一次,称为单次测量,也可以进行多次重复测量。多次重复测量,可以分为等精度测量和非等精度测量。等精度测量指的是用同样的仪器、在相同的条件下对同一物理量进行多次测量;如果在多次测量过程中,测量仪器或条件有一项变化,即为非等精度测量。本书中的多次测量,除特别说明外,均指等精度测量。

1.1.2 误 差

1. 测量误差

任何一个确定的物理量,都有一个客观存在的真实值,称为真值,这只是一个理想的概念。每一次测量,都是依据一定的理论或方法,在一定的环境中使用确定的工具,由一定的人来完成的,得到的结果称为测量值。测量值与真值不可能完全相同,其差值称为测量误差。如果用 Δx 来代表误差,用 x 来代表测量结果,用 $x_{真}$ 来代表被测量的真值,则有

$$\Delta x = x - x_{真}, \qquad (1-1-1)$$

由此式可知,误差是有正负的。当 $x > x_{真}$ 时,Δx 为正;当 $x < x_{真}$ 时,Δx 为负。Δx 反映了测量值偏离真值的大小和方向,故称为绝对误差。

2. 绝对误差与相对误差

前面式(1-1-1)所定义的误差称为绝对误差。测量的绝对误差与被测量真值之比称为相对误差。相对误差往往用百分数来表示,即

$$E = \frac{\Delta x}{x_{真}} \times 100\%。 \qquad (1-1-2)$$

绝对误差反映了误差本身的大小,而相对误差反映了误差的严重程度。必须注意,绝对误差大的,相对误差不一定大。例如

$$\begin{cases} L_1 = 25.00 \text{ mm}, \ \Delta L_1 = 0.05 \text{ mm}; \\ L_2 = 2.50 \text{ mm}, \ \ \Delta L_2 = 0.01 \text{ mm}; \\ L_3 = 2.5 \text{ mm}, \ \ \ \Delta L_3 = 0.1 \text{ mm}。 \end{cases} \qquad (1-1-3)$$

根据式(1-1-2)可得

$$\begin{cases} E_1 = 0.2\%, \\ E_2 = 0.4\%, \\ E_3 = 4\%。 \end{cases} \qquad (1-1-4)$$

从上述数据可知:$\Delta L_3 > \Delta L_1 > \Delta L_2$,而 $E_3 > E_2 > E_1$。可见绝对误差的大小与相对误差的大小之间没有必然的联系。

由前面知:"真值"既然是无法知道的,那又如何来求出绝对误差和相对误差呢?

在物理实验中,一般可以采用以下几种方法来处理,即用一些非常接近真值的近似值或理论值来代替真值。

(1) 公认值:由国际计量大会约定的值。如基本物理常数、基本单位标准等。

(2) 高级仪器的测量值:由更高级的仪器测量出来的值。

(3) 理论值:由理论公式计算出来的值。如三角形三个内角和为180°。

(4) 多次测量的平均值:在理想条件下,可以用多次测量所得的平均值来代替真值。这也是我们常用的办法。

3. 误差的分类

误差产生的原因很多。正常的误差按照产生的原因和不同性质,可分为系统误差、随机误差。

(1) 系统误差:可以修正。

系统误差是指在同一测量条件下,对同一被测量的多次测量过程中,其误差的绝对值和符

号保持恒定或以可预知方式变化的测量误差的分量。

系统误差的来源主要有：① 仪器的固有缺陷（例如电表的示值不准、零点未调好、等臂天平的两臂不相等）；② 环境因素（如温度、压强偏离标准条件）；③ 实验方法的不完善或这种方法依据的理论本身具有近似性（如伏安法测电阻时没有考虑电表内阻的影响、称质量时未考虑空气浮力的影响）；④ 实验者个人的不良习惯或偏向（如有的人习惯于侧坐斜坐读数，使读得的数值总是偏大或总是偏小）；⑤ 动态测量的滞后等。

由于系统误差在测量条件不变时有确定的大小和正负号，因此在同一测量条件下多次测量求平均并不能减小它或消除它。

对于系统误差，必须找出其产生原因，针对原因去消除或引入修正值，对测量结果进行修正。系统误差的处理是一个比较复杂的问题，没有一个简单的公式可以遵循，需要根据具体情况做出具体的处理。首先要对误差进行判别，然后要将误差尽可能地减小到可以忽略的程度。这需要实验者具有相应的经验、学识与技巧。一般可以从以下几个方面进行处理：

① 检验、判别系统误差的存在；

② 分析造成误差的原因，并在测量前尽可能消除；

③ 测量过程中采取一定方法或技术措施，尽量消除或减小系统误差的影响；

④ 估计系统误差的数值范围，对于已定系统误差，可用修正值（包括修正公式和修正曲线）进行修正；对于未定系统误差，尽可能估计出其误差限值，以掌握它对测量结果的影响。

我们将在今后的某些实验中，针对具体情况对系统误差进行分析和讨论。

（2）随机误差：不可避免，但可以减少。

随机误差是指在同一被测量的多次测量过程中，以不可预知方式变化的测量误差的分量。

根据随机误差的特点可以知道，随机误差就个体而言是不确定的，但其总体（大量个体的总和）服从一定的统计规律，因此可以用统计方法估计其对测量结果的影响。

4. 精密度、正确度与准确度

这三个名词分别用来反映随机误差、系统误差和综合误差的大小。如图 1-1-1 所示，(a)的情况属于随机误差小、系统误差大，故可以说成"精密度高、正确度不高"；(b)的情况属于系统误差小、随机误差大，故可以说成"正确度高、精密度不高"；(c)的情况属于随机误差与系统误差都小，故可以说成"精密度与正确度都高"。显然，只有(c)的情况下，准确度才高，而(a)、(b)两种情况的准确度都不高。

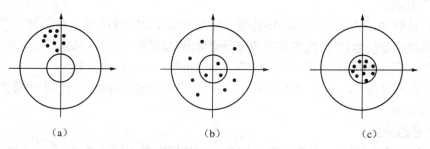

图 1-1-1　关于精密度、正确度、准确度的示意图

除了上述三个名词外，还会常常遇到"精度"这个名词。以前经常用它来标志实验仪器或测量的误差。精度是误差的反义词，精度的高低是用误差来衡量的。误差大则精度低，误差小

则精度高。

§1.2 测量的不确定度评定

1.2.1 不确定度基本知识

由于在英文中"误差(error)"一词同义于过失、错误、差别、不符、差异,而"不确定度(uncertainty)"一词同义于有疑问、含糊、不明确、不知道、不完善的知识,因此"不确定度"一词更能表示测量结果的性质,因此使用"不确定度"一词越来越多。

由于误差表示测量结果与真值的差异,但真值经常无法得知,因而误差通常也无法知道。实际上更多遇到的是不确定度问题。

1. 不确定度概念

不确定度是对测量误差的一种综合评定,是被测量的真值以一定的概率落在某一量值范围的估算。

由前所述,误差通常无法知道,而不确定度是可以估算的。其估算方法随后将作介绍。测量不确定度是测量质量的一个极其重要的指标。测量结果的使用与其不确定度有密切的关系,不确定度大,则其使用价值低,不确定度小,则其使用价值高。不确定度具有概率的概念,若为正态分布,不确定度的概率为 68.3%。当不确定度乘以置信因数后得出总不确定度,此时对置信因数或置信概率必须加以说明。所谓"置信概率",指的是真值有多大的概率落在所确定的范围内。

例如有一个测量结果:$L=1.50$ mm,$\sigma=0.05$ mm,服从正态分布,则表示真值有 68.3% 的概率落在 $L-\sigma$ 到 $L+\sigma$ 之间,即落在 1.45 mm 到 1.55 mm 之间。如果在前面乘以置信因数3,则总不确定度变为 $3\sigma=0.15$ mm,相应地其置信概率增大为 99.73%,即真值有 99.73% 的概率落在 $L-3\sigma$ 到 $L+3\sigma$ 之间,也即 1.35 mm 到 1.65 mm 之间。

2. 不确定度的分类

测量中的误差是不同类型误差的总体表现,因此测量结果的不确定度一般包含几个分量。按其数值的评定方法,不确定度可分为两类:

(1) A 类不确定度 Δ_A:用统计方法计算的不确定度分量。

(2) B 类不确定度 Δ_B:用其他方法估算的不确定度分量。

将不确定度的 A 类分量与 B 类分量合成,得到的就是合成不确定度 Δ。一般常用"方和根"的合成方法作为合成不确定度。

即

$$\Delta=\sqrt{\Delta_A^2+\Delta_B^2}。\tag{1-2-1}$$

式中 Δ 为合成不确定度,Δ_A 为 A 类分量,Δ_B 为 B 类分量。

注意:Δ_A 和 Δ_B 分量一般又含有几个分量。本教材约定 Δ_A 只考虑由统计方法估算评定的随机误差中的标准偏差,Δ_B 只考虑由估算方法评定的仪器误差,其他分量不需考虑。

3. A 类不确定度分量 Δ_A 估算方法

假设对某物理量 x 进行了 n 次等精度测量,测得的测量值分别为:$x_1,x_2,x_3,\cdots,x_n$,先求

其平均值

$$\bar{x}=\frac{1}{n}(x_1+x_2+x_3+\cdots+x_n)=\frac{1}{n}\sum_{i=1}^{n}x_i, \tag{1-2-2}$$

再求其算术平均偏差 Δx 和标准偏差 S_x：

$$\Delta x=\frac{1}{n}(|x_1-\bar{x}|+|x_2-\bar{x}|+\cdots+|x_n-\bar{x}|)=\frac{1}{n}\sum_{i=1}^{n}(|x_i-\bar{x}|), \tag{1-2-3}$$

$$S_x=\sqrt{\frac{\sum\limits_{i=1}^{n}(x_i-\bar{x})^2}{n(n-1)}}。 \tag{1-2-4}$$

式(1-2-4)称为贝塞尔公式，S_x 表示这一组测量中算术平均值 $\bar{x}$ 的标准偏差，其物理含义是：在这一组测量中，$\bar{x}$ 落在 $(\bar{x}-S_x,\ \bar{x}+S_x)$ 区间的概率为 68.3%，$\bar{x}$ 为最佳值。

一般情况下，当测量次数 n 大于 5 时，S_x 就可以作为 A 类不确定度分量 Δ_A，即

$$\Delta_A=S_x=\sqrt{\frac{\sum\limits_{i=1}^{n}(x_i-\bar{x})^2}{n(n-1)}}。 \tag{1-2-5}$$

例 1　在测量某圆柱体的直径 D 时，共测量 10 次，数值如下表所示，试求测定直径 D 的 A 类不确定度分量 Δ_A。

表 1-2-1　测量某圆柱体的直径

次数	1	2	3	4	5	6	7	8	9	10
D /cm	2.00	2.01	2.02	1.99	1.99	2.00	1.98	1.99	1.97	2.00

解　D 的平均值为

$$\overline{D}=\frac{2.00+2.01+\cdots+2.00}{10}=1.995\ \text{cm}。$$

D 的标准偏差为

$$S_x=\sqrt{\frac{(2.00-1.995)^2+\cdots+(2.00-1.995)^2}{10(10-1)}}=0.045\ \text{cm}。$$

因为此数 $n=10$ 大于 5，故直径 D 的 A 类不确定度分量 $\Delta_A=S_x=0.045$ cm。

4. B 类不确定度分量 Δ_B 的估算

Δ_B 是由仪器误差限所对应的不确定度 B 类分量。由生产厂家按国家标准给出的仪器基本误差或仪器示值误差作为仪器误差限，置信概率一般都在 0.95 以上。故本教材约定：把仪器误差限 $\Delta_仪$ 简化地等于不确定度的 B 类分量 Δ_B，即

$$\Delta_B=\Delta_仪。 \tag{1-2-6}$$

注意：$\Delta_仪$ 一般可以在仪器的说明书上或仪表面板上查到。有时，若仪器是给出准确度等级的，则 $\Delta_仪$ 就要用下面公式计算：

$$\Delta_仪=\frac{量程\times准确度等级}{100} \tag{1-2-7}$$

所以在估算得到 Δ_A 和 Δ_B 分量后，就可以用公式(1-2-1)，求出合成不确定度 Δ 。

例 2　用量程为 25 mm、准确度等级为 0.01 的螺旋测微器测一小球的直径，测量数值如

下表所示,求测量结果的合成不确定度 Δ。

表 1-2-2 测量小球的直径

序 号	1	2	3	4	5
D/mm	1.038	1.039	1.033	1.041	1.030

解 ① 求 d 的平均值

$$\bar{d}=\frac{1}{n}\sum_{i=1}^{n}d_i=\frac{1}{5}(1.038+1.039+1.033+1.041+1.030)=1.0362(\text{mm})。$$

② 求 $\bar{d}$ 的标准偏差 S_x 和 A 类不确定度 Δ_A

$$S_x=\sqrt{\frac{\sum\limits_{i=1}^{n}(d_i-\bar{d})^2}{n(n-1)}}=\sqrt{\frac{(1.038-1.0362)^2+\cdots+(1.030-1.0362)^2}{5(5-1)}}=0.0020(\text{mm})。$$

故 A 类不确定度分量

$$\Delta_A=S_x=0.0020 \text{ mm}。$$

③ 求 Δ_B

$$\Delta_{仪}=\frac{量程\times准确度等级}{100}=\frac{25\times0.01}{100}=0.0025(\text{mm}),$$

故

$$\Delta_B=\Delta_{仪}=0.0025(\text{mm})。$$

④ 求合成不确定度 Δ

$$\Delta=\sqrt{\Delta_A^2+\Delta_B^2}=\sqrt{(0.0020)^2+(0.0025)^2}=0.0032(\text{mm})。$$

1.2.2 测量结果表达的基本知识

1. 一般测量结果的表示形式

对于科学实验中任何一个测量结果,只有同时给出它的最佳值(平均值)、不确定度和单位时,此结果才算是完整的,有时还要给出测量结果的置信概率 p。也就是说测量结果的表示形式中,应含有合成测量不确定度 Δ、相对不确定度 E 和置信概率 p。

注意:置信概率 $p=0.95$,是普遍采用的约定概率,若测量结果选用约定概率表示,则在结果表示中不必注明 p 值。本教材约定采用 $p=0.95$ 的置信概率。

若测量量为 x,则其结果表达为:

$$x=(\bar{x}\pm\Delta)(单位)。 \tag{1-2-8}$$

相对不确定度为:

$$E=\frac{\Delta}{\bar{x}}\times100\%。 \tag{1-2-9}$$

其中,$\bar{x}$ 可以为多次直接测量的平均值,也可以是一次直接测量值,还可以是间接测量值。式(1-2-9)表示被测量的真值落在 $(\bar{x}-\Delta,\bar{x}+\Delta)$ 的范围之内的可能性约为 95%。

2. 直接测量结果的表示

(1) 多次直接测量(指等精度测量)

测得的测量量为:$x_1,x_2,x_3,\cdots,x_n$,测量用的仪器的仪器误差为 $\Delta_{仪}$。

① 测量值的最佳值 $\bar{x}$——算术平均值[式(1-2-2)]：

$$\bar{x}=\frac{1}{n}(x_1+x_2+x_3+\cdots+x_n)=\frac{1}{n}\sum_{i=1}^{n}x_i。$$

② A 类不确定度分量 Δ_A[式(1-2-5)]：

$$\Delta_A=S_x=\sqrt{\frac{\sum_{i=1}^{n}(x_i-x)^2}{n(n-1)}}。$$

③ B 类不确定度分量 Δ_B[式(1-2-6)]：

$$\Delta_B=\Delta_仪。$$

④ 合成不确定度 Δ[式(1-2-1)]：

$$\Delta=\sqrt{\Delta_A^2+\Delta_B^2}。$$

⑤ 直接测量值结果表示[式(1-2-8)、式(1-2-9)]：

$$\begin{cases} x=(\bar{x}\pm\Delta)（单位）,\\ E=\dfrac{\Delta}{\bar{x}}\times 100\%。 \end{cases}$$

（2）单次直接测量

物理实验中单次测量一般有两种情况：

① 若被测量的不确定度对实验结果的影响很小时，实验可以只进行一次测量。这时 A 类不确定度分量 Δ_A 不能用统计方法估算，此时可以简单地用仪器误差 $\Delta_仪$ 来表示不确定度 Δ。

② 在动态测量或因条件限制时，不容许进行多次测量，此时只能进行一次测量。这时的不确定度 Δ 也可以简单地用仪器误差 $\Delta_仪$ 来表示。

故本教材约定：若只进行一次测量，则测量的不确定度 Δ 就可以简单地取为仪器误差 $\Delta_仪$。

所以单次直接测量结果可表示为

$$\begin{cases} x=(x_测\pm\Delta_仪)（单位）,\\ E=\dfrac{\Delta_仪}{x_测}\times 100\%。 \end{cases} \tag{1-2-10}$$

3. 间接测量结果的表示

（1）间接测量量的最佳值（平均值）

设：间接测量量 N 是由 n 个直接测量量 $x_1,x_2,\cdots,x_n$ 构成的函数关系：

$$N=f(x_1,x_2,\cdots,x_n)。 \tag{1-2-11}$$

若对直接测量各量 $x_1,x_2,\cdots,x_n$ 进行多次测量，则可以证明间接测量量的最佳值为

$$\bar{N}=f(\bar{x_1},\bar{x_2},\cdots,\bar{x_n})。 \tag{1-2-12}$$

（2）间接测量的不确定度 Δ_N 的估算

若各直接测量量之间是相互独立的，且各直接测量量的不确定度分别为 $\Delta_{x_1},\Delta_{x_2},\cdots,\Delta_{x_n}$，则有误差理论可以证明：

$$\Delta_N=\sqrt{\left(\frac{\partial f}{\partial x_1}\right)^2\Delta_{x_1}^2+\left(\frac{\partial f}{\partial x_2}\right)^2\Delta_{x_2}^2+\cdots}=\sqrt{\sum_{i=1}^{n}\left(\frac{\partial f}{\partial x_i}\right)^2\Delta_{x_i}^2}, \tag{1-2-13}$$

$$E_N = \frac{\Delta_N}{N} = \sqrt{\left(\frac{\partial \ln f}{\partial x_1}\right)^2 \Delta_{x_1}^2 + \left(\frac{\partial \ln f}{\partial x_2}\right)^2 \Delta_{x_2}^2 + \cdots} = \sqrt{\sum_{i=1}^{n} \left(\frac{\partial \ln f}{\partial x_i}\right)^2 \Delta_{x_i}^2} \quad 。 \quad (1-2-14)$$

上式中 E_N 为间接测量量 N 的相对不确定度。

注意：① 一般情况下，若 n 个直接测量量之间是加减关系时，可以直接先用式(1-2-13)计算间接测量的不确定度 Δ_N。

② 若 n 个直接测量量之间是乘除关系时，则可以先用式(1-2-14)计算间接测量量的相对不确定度 E_N，然后再利用 $E_N = \frac{\Delta_N}{N}$ 公式计算间接测量量的不确定度 Δ_N，这样比较方便。

上述是对于复杂函数关系而言的。下面是一些常用函数的不确定度公式。

表 1-2-3　某些常用函数的不确定度传递公式

函　数　形　式	不确定度传递公式
$y = x_1 + x_2$	$\Delta_y = \sqrt{\Delta_{x_1}^2 + \Delta_{x_2}^2}$
$y = x_1 - x_2$	$\Delta_y = \sqrt{\Delta_{x_1}^2 + \Delta_{x_2}^2}$
$y = x_1 \cdot x_2$	$\dfrac{\Delta_y}{y} = \sqrt{\left(\dfrac{\Delta_{x_1}}{x_1}\right)^2 + \left(\dfrac{\Delta_{x_2}}{x_2}\right)^2}$
$y = x_1 / x_2$	$\dfrac{\Delta_y}{y} = \sqrt{\left(\dfrac{\Delta_{x_1}}{x_1}\right)^2 + \left(\dfrac{\Delta_{x_2}}{x_2}\right)^2}$
$y = kx$（k 为常数）	$\Delta_y = k\Delta_x ; \dfrac{\Delta_y}{y} = \dfrac{\Delta_x}{x}$
$y = \dfrac{x_1^l x_2^m}{x_3^n}$	$\dfrac{\Delta_y}{y} = \sqrt{l^2 \left(\dfrac{\Delta_{x_1}}{x_1}\right)^2 + m^2 \left(\dfrac{\Delta_{x_2}}{x_2}\right)^2 + n^2 \left(\dfrac{\Delta_{x_3}}{x_3}\right)^2}$

表中这些函数关系，在实验中遇到的机会较多，因此对这些函数形式下的不确定度传递公式应该熟记。

③ 间接测量结果的表示式可写为

$$\begin{cases} N = (\overline{N} \pm \Delta_N)（单位）, \\ E = \dfrac{\Delta_N}{N} \times 100\% 。 \end{cases} \quad (1-2-15)$$

下面举一些例题来说明。

例1　用精度为 0.02 mm 的游标卡尺测出一个圆柱体的直径 D 和高度 H 的值列于表 1-2-4，求其体积 V。

表 1-2-4　测圆柱体的直径与高度

次　　数	D/mm	H/mm
1	60.04	80.96
2	60.02	80.94

次　　数	D/mm	H/mm
3	60.06	80.92
4	60.00	80.96
5	60.00	80.08
6	60.00	80.94
7	60.06	80.94
8	60.04	80.98
9	60.00	80.94
10	60.00	80.96
平均值	60.028	80.950
$S_x(\Delta_A)$	0.027	0.017
$\Delta_{仪}$	0.02	0.02
Δ	0.034	0.026

解 用计算器分别求得 $\overline{D}$ 和 S_D 以及 $\overline{H}$ 和 S_H,再根据 $\Delta=\sqrt{S_A^2+\Delta_仪^2}$ 求得 Δ_D 和 Δ_H,填于表中。

此题体积的测量是间接测量,函数关系为

$$V=\frac{\pi}{4}D^2H,$$

则

$$\overline{V}=\frac{\pi}{4}\overline{D}^2\overline{H}=2.3102\times10^5\ \text{mm}^3。$$

由于是乘除方运算,故不确定度的公式为

$$E_V=\frac{\Delta_V}{\overline{V}}=\sqrt{\left(\frac{\partial\ln V}{\partial D}\right)^2\Delta_D^2+\left(\frac{\partial\ln V}{\partial H}\right)^2\Delta_H^2}$$

$$=\sqrt{\left(\frac{2\Delta_D}{D}\right)^2+\left(\frac{\Delta_H}{H}\right)^2}$$

$$=\sqrt{\left(\frac{2\times0.034}{60.028}\right)^2+\left(\frac{0.026}{80.950}\right)^2}$$

$$=\sqrt{1.28\times10^{-6}+1.03\times10^{-7}}$$

$$=\sqrt{1.383\times10^{-6}}=1.2\times10^{-3}。$$

$$\Delta_V=\overline{V}\cdot E_V=0.0028\times10^5\ \text{mm}^3\approx0.003\times10^5\ \text{mm}^3。$$

$$V=\overline{V}\pm\Delta_V=(2.310\pm0.003)\times10^5\ \text{mm}^3。$$

例2 用函数关系 $\rho=\frac{m}{m-m_1}\rho_0$ 通过间接测量测出固体的密度 ρ,若 m,m_1,ρ_0 及它们的总不确定度 $\Delta_m,\Delta_{m_1},\Delta_{\rho_0}$ 均已知,试导出 Δ_ρ 的表达式。

解 本题的函数关系既不是简单的加减关系,又不是简单的乘除关系,下面分别利用式

(1-2-13)和式(1-2-14),用两种不同的方法求解。

解法一:

$$\Delta_\rho = \sqrt{\left(\frac{\partial \rho}{\partial m}\right)^2 \Delta_m^2 + \left(\frac{\partial \rho}{\partial m_1}\right)^2 \Delta_{m_1}^2 + \left(\frac{\partial \rho}{\partial \rho_0}\right)^2 \Delta_{\rho_0}^2}$$

$$= \sqrt{\left[\frac{-m_1 \rho_0}{(m-m_1)^2}\right]^2 \Delta_m^2 + \left[\frac{m\rho_0}{(m-m_1)^2}\right]^2 \Delta_{m_1}^2 + \left(\frac{m}{m-m_1}\right)^2 \Delta_{\rho_0}^2}$$

$$= \frac{m}{m-m_1} \rho_0 \sqrt{\left[\frac{-m_1}{m(m-m_1)}\right]^2 \Delta_m^2 + \left(\frac{1}{m-m_1}\right)^2 \Delta_{m_1}^2 + \left(\frac{1}{\rho_0}\right)^2 \Delta_{\rho_0}^2}.$$

解法二:

$$\ln \rho = \ln m - \ln(m-m_1) + \ln \rho_0$$

$$\frac{\Delta_\rho}{\rho} = \sqrt{\left(\frac{\partial \ln \rho}{\partial m}\right)^2 \Delta_m^2 + \left(\frac{\partial \ln \rho}{\partial m_1}\right)^2 \Delta_{m_1}^2 + \left(\frac{\partial \ln \rho}{\partial \rho_0}\right)^2 \Delta_{\rho_0}^2}$$

$$= \sqrt{\left[\frac{-m_1}{m(m-m_1)}\right]^2 \Delta_m^2 + \left(\frac{1}{m-m_1}\right)^2 \Delta_{m_1}^2 + \left(\frac{1}{\rho_0}\right)^2 \Delta_{\rho_0}^2},$$

$$\Delta_\rho = \rho \cdot \frac{\Delta_\rho}{\rho} = \frac{m}{m-m_1} \rho_0 \sqrt{\left[\frac{-m_1}{m(m-m_1)}\right]^2 \Delta_m^2 + \left(\frac{1}{m-m_1}\right)^2 \Delta_{m_1}^2 + \left(\frac{1}{\rho_0}\right)^2 \Delta_{\rho_0}^2}.$$

用两种解法得出的结果是一致的。由于函数关系中乘除运算所占的成分较大,似乎用解法二在计算时较为便利。

§1.3　有效数字及其运算

由于测量总含有误差,因此表示测量结果的数字不宜太多也不宜太少。太多了容易使人误认为测量精度很高,太少了则会损失精度。

1.3.1　有效数字

1. 有效数字的概念

物理实验离不开测量,直接测量需要记录数据,间接测量不仅需要记录数据,而且还要进行数据的计算。记录数据时应取几位数字,运算后需要保留几位数字,这是实验数据处理中的一个重要问题。为了正确地反映测量的精密程度,故引入有效数字的概念。

我们把测量结果中可靠的几位数字加上一位不可靠数字统称为有效数字。

对没有小数位且以若干个零结尾的数值,从非零数字最左一位向右数而得到的位数,减去无效零(即仅为定位用的零)的个数,就是有效位数。对其他十进位数,有效位数为从非零数字最左一位向右数而得到的位数。

例如,35000,若有两个无效零,则为三位有效位数,应写成 350×10^2 或 3.50×10^4;若有三个无效零,则为两位有效位数,应写成 35×10^3 或 3.5×10^4。又如,3.2,0.32,0.0032 均为两位有效位数,而 0.0320 为三位有效位数。

2. 关于有效位数,几个需要引起注意的问题

(1) 有效位数与十进制单位的变换无关。例如 1.35 g 有三位有效位数。如果换成 kg 作单位,则有 1.35 g=0.00135 kg;如果换成 mg 作单位,则有 1.35×10^3 mg,仍是三位有效位

数,不要写成 1.35 g＝1350 mg,因为在没有说明的情况下,一般都会认为最后的零也是有效数字。

（2）数字 1～9 全是有效数字。数字中间的"0"或后面的"0"是有效数字。数据后面的"0",不能随意舍掉,也不能随意加上。例如不能把 200 mm 写成 20 cm,因为这样一来有效位数就少了一位,同样的原因,也不能把 20 cm 写成 200 mm,或者把 9.0×10^2 V 写成 900 V。数字前面的"0"不是有效数字。

（3）推荐使用科学记数法。其形式为

$$K×10^n。$$

其中 1≤K<10,n 为整数。例如 200 mm 可以记为 2.00×10^2 mm,这样在十进制单位变换时,只要改变指数就行了。例如 2.00×10^2 mm＝2.00×10^1 cm＝2.00×10^5 μm＝2.00×10^{-1} m 等等,在这些变换中,2.00 这个数字始终不变。

3. 有效数字的运算规则

间接测量量是通过直接测量量计算出来的,各直接测量量都有一定的有效位数,则间接测量量的有效位数应由不确定度所在位来确定。但在做不确定度的估算之前,需要对间接测量量进行计算,在运算过程中,若有效位数不一致,可通过有效数字的运算规则来暂定。下面是常用的有效数字的运算规则:

（1）加减运算规则

在有效数字相加或相减时,小数点后较多的有效数字只要比小数点后位数最少的那个多保留一位。其计算结果应保留的位数与原来参与运算的各数中小数点后位数最少的那个相同。

（2）乘除运算规则

在有效数字相乘或相除时,有效位数较多的有效数字只要比有效位数最少的那一个多保留一位,计算结果的有效数字位数应与参与运算的各数中位数最少的那一个相同。

注意:加减运算中的"位数"指的是小数点后面的有效数字位数,而乘除运算中的"位数"指的是有效数字的总位数。

（3）幂的运算规则

计算结果的有效数字位数与底数的有效数字位数相同。

（4）三角函数和对数运算规则

一般先进行不确定度估算,运算结果取到不确定度所在的那一位。

（5）常数

常数(指数学中的常数如 π、e 等),一般不影响有效位数。

1.3.2　数据处理结果中的有效数字的保留规则

在前一节知道,间接测量结果的表示形式为式(1-2-15):

$$N＝(\overline{N}±\Delta_N)(单位)。$$

其中不确定度 Δ_N 和 $\overline{N}$ 是由公式计算出来的,那么它们的结果究竟应该保留几位有效位数呢? 若直接测量量之间是加减关系或乘除关系时,Δ_N 根据公式是容易计算的;若直接测量量之间既有加减关系又有乘除关系时,Δ_N 根据公式是很难计算的,那么这时结果 $\overline{N}$ 又应该保留几位有效位数呢? 下面分几种情况进行说明。

1. 不确定度 Δ_N 能够计算出来的情况

（1）不确定度 Δ_N 的计算结果的有效位数保留

不确定度（包含相对不确定度）的有效位数一般可以取 1～2 位。本课程约定 Δ_N 只保留一位，且取舍原则为"全进位"。

不确定度是与置信概率相联系的，所以不确定度的有效位数不必过多，一般只需保留 1～2 位，其后数位上数字的舍入，不会对置信概率造成太大的影响。一般说来，如果不确定度（包括相对不确定度）首位的数字较大，例如大于或等于 5，则保留一位有效位数；如果不确定度首位的数字较小，例如 1 或 2，则保留两位有效位数；首位为 3 或 4 的，可根据情况需要或留一位，或留两位有效位数。

在本课程中，我们为了处理的方便，约定不确定度与相对不确定度都只保留一位。但在这样做的同时，必须意识到这是一种简化处理方法，尤其是当不确定度的首位数字为 1 或 2 时，这样处理有可能使结果的置信概率有较大的变化。

（2）间接测量量 $\overline{N}$ 的结果有效位数的保留

间接测量量 $\overline{N}$ 的结果有效位数由不确定度 Δ_N 来决定。即间接测量量 $\overline{N}$ 的结果有效位数的末位应与其不确定度的末位的数位对齐（或可以简单地说，就是 $\overline{N}$ 的小数位数应与不确定度 Δ_N 的小数位数相同）。最终写成 $N\pm\Delta_N$ 形式，N 与 Δ_N 的末位数字对齐。

例如，某量的不确定度 Δ_N 为 0.06 mm，由计算器求得该量的平均值 $\overline{N}$ 为 216.3576321 mm，则该量的值应写成 216.36 mm，其末位与不确定度的末位均在百分位上，最终写成 (216.36 ± 0.06)mm。

注意：① 只在最终结果中进行数字取舍保留，而所有先前进行的计算可以有多余的位数。

② 对于平均值 $\overline{N}$ 的尾数采用"四舍六入五凑偶"的原则进行取舍。所谓"五凑偶"，意即当尾数恰好为"5"时，若前一位是偶数，则舍去这个"5"；若前一位是奇数，则将该"5"进位。例如 2.845，如果保留到小数点后第二位，则成 2.84；如果 2.835，若也保留到小数点后第二位，则也成 2.84。

③ 对直接测量量的各结果的表示也遵循上述原则。

下面对直接测量结果和间接测量结果的数据处理进行举例。

① 直接测量结果有效位数的确定：

例 1 用精度为 0.05 mm 的游标卡尺，通过单次测量得到一规则金属块的厚度 H 为 2.45 mm，写出其结果。

解 这是单次直接测量，且 A 类不确定度较小，故取

$$\Delta_H=\Delta_仪=0.05 \text{ mm},$$
$$H\pm\Delta_H=(2.45\pm0.05)\text{mm}.$$

例 2 用最小分度为 1 mm 的钢卷尺测量某一长度，教师告知总不确定度为毫米量级，但未说明具体数值。测量时测得长度 L 恰为 1 m。写出其结果。

解 这也是单次直接测量。由于 Δ_L 的具体数值不明确，故结果中无法写明 Δ_L。但是 L 的末位应该和 Δ_L 对齐，故也应在毫米位上，因此结果为

$$L=1000 \text{ mm} \text{ 或 } L=1.000 \text{ m}.$$

例 3 $\overline{x}=63.564$ mm，$\Delta_A=0.01505543$ mm，$\Delta_仪=0.02$ mm。写出测量结果。

解

$$\Delta_x = \sqrt{\Delta_A^2 + \Delta_仪^2} = 0.025033297 = 0.03 \text{ mm},$$

$$\bar{x} \pm \Delta_x = (63.56 \pm 0.03) \text{ mm}。$$

② 间接测量结果有效位数的确定：

例 4　已知 $L = L_1 + L_2 - L_3$，$L_1 \pm \Delta_{L_1} = (125.50 \pm 0.02) \text{mm}$，$L_2 \pm \Delta_{L_2} = (20.30 \pm 0.05)$ mm，$L_3 \pm \Delta_{L_3} = (2.446 \pm 0.004) \text{mm}$，求 $L \pm \Delta_L$。

解

$$\Delta_L = \sqrt{\Delta_{L_1}^2 + \Delta_{L_2}^2 + \Delta_{L_3}^2} = \sqrt{0.02^2 + 0.05^2 + 0}$$

$$= \sqrt{0.0029} \approx 0.0538 \approx 0.05,$$

$$L = 125.50 + 20.30 - 2.446 = 143.354。$$

所以

$$L \pm \Delta_L = (143.35 \pm 0.05) \text{ mm}。$$

例 5　已知 $g = 4\pi^2 \dfrac{L}{T^2}$，$\bar{L} \pm \Delta_L = (130.4 \pm 0.1) \text{cm}$，$\bar{T} \pm \Delta_T = (2.291 \pm 0.02) \text{s}$，求 $\bar{g} \pm \Delta_g$。

解

$$\bar{g} = 4 \times \pi^2 \times \frac{130.4}{2.291^2} = 980.815 \text{ (cm} \cdot \text{s}^{-2})，$$

$$\frac{\Delta_g}{g} = \sqrt{\left(\frac{\Delta_L}{\bar{L}}\right)^2 + \left(2\frac{\Delta_T}{\bar{T}}\right)^2} = \sqrt{\left(\frac{0.1}{130.4}\right)^2 + \left(2 \times \frac{0.002}{2.291}\right)^2} = 0.002,$$

$$\Delta_g = \bar{g} \cdot 0.002 = 980.815 \times 0.002 = 2 \text{ (cm} \cdot \text{s}^{-2})。$$

所以，

$$\bar{g} \pm \Delta_g = (981 \pm 2) \text{cm} \cdot \text{s}^{-2}。$$

2. 不确定度 Δ_N 较难计算出来的情况

如果各直接测量量 x_i 的不确定度未明确给出，只是各 x_i 的有效位数已知，或间接测量量的函数关系中既有加减又有乘除时，Δ_N 较难计算。这时 $\bar{N}$ 的有效位数可根据有效数字的运算规则进行保留。若要求相对误差时，本课程约定此时相对误差的结果中最多保留两位有效数字。

下面分别举例：

（1）加减运算

以各 x_i 的末位中位数数量级最大的为准，y 的末位也保留到这一位。

例 6　已知 $L = L_1 + L_2 - L_3$，$L_1 = 125.50$ mm，$L_2 = 20.30$ mm，$L_3 = 2.446$ mm，求 L。

解　由于 L_1 和 L_2 的末位都在百分位上，因此 L 的末位也保留至百分位。

$$L = 125.50 + 20.30 - 2.446 = 143.354 = 143.35 \text{ mm}。$$

（2）乘除运算

以各 x_i 有效位数最少的为准，y 的有效位数取得与它一样多。

例 7　已知：$g = 4\pi^2 \dfrac{L}{T^2}$，$L = 130.4$ cm，$T = 2.291$ s，求 g。

解　L 和 T 都有 4 位有效位数，故 g 也保留 4 位有效位数，

$$g=\pi^2\times\frac{130.4}{2.291^2}=980.8(\mathrm{cm}\cdot\mathrm{s}^{-2})。$$

如果有混合运算,可以分步确定有效位数,最后确定结果的有效位数。

例 8 求:$\dfrac{30.00\times(25.0-17.003)}{(203-3.0)\times(2.00+0.001)}$。

解 原式$=\dfrac{30.00\times8.0}{200\times2.00}=0.60$。

在第一步中,计算的是三个括号中的内容,依据加减运算的处理方法,分别决定三个值的有效位数。在第二步中,全部是乘除运算,由于 8.0 的有效位数最少,是 2 位,故结果的有效位数也是 2 位。

(3)某些常见函数运算的有效位数

① 对数函数 $y=\lg x$

由

$$\Delta_y=\sqrt{\left(\frac{\partial\lg x}{\partial x}\right)^2\Delta_x^2}=\frac{\mathrm{d}\lg x}{\mathrm{d}x}\cdot\Delta_x=\lg\mathrm{e}\cdot\frac{\Delta_x}{x}=0.43\frac{\Delta_x}{x}, \qquad (1-3-1)$$

可见 Δ_y 与 $\dfrac{\Delta_x}{x}$ 同数量级。Δ_y 决定了 y 的末位,而 $\dfrac{\Delta_x}{x}$ 基本上取决于 x 的有效位数。所以,对数函数运算结果中小数点后的位数取得与真数的位数相同。

例 9 $\lg 1.938=0.2874$,则有 $\lg 1983=3.2973$。

自然对数也按上述方法处理。

② 指数函数 $y=10^x$

仿照与对数函数相类似的分析方法,可以得出,运算后的有效位数可与指数的小数点后面的位数(包括紧接在小数点后的零在内)相同。

例 10 $10^{6.25}=1.8\times10^6$,则有 $10^{0.0035}=1.008$。

对 e^x 也按上述方法处理。如指数为整数,函数取一位有效位数。

③ 三角函数 $y=\sin x$

因为 $\Delta_y=\cos x\cdot\Delta_x$,当 $0°\leqslant x\leqslant70°$时,$1\geqslant\cos x>0.34$,所以近似地 Δ_y 与 Δ_x 有同一数量级。如果 $\Delta_x=1'\approx0.0003\ \mathrm{rad}$,则 y 应保留到小数点后第四位。同理,当 $20°\leqslant x\leqslant90°$时,如果 $\Delta_x=1'$,则 $\cos x$ 也应保留到小数点后第四位。

为了便于在实验中进行数据处理,分别列出了直接测量和间接测量的数据处理流程框图,如图 1-3-1、图 1-3-2:

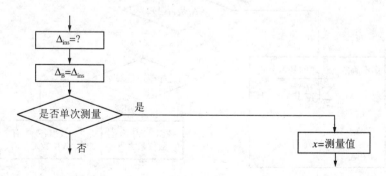

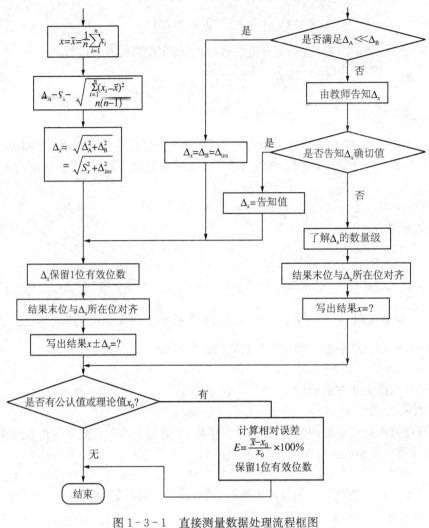

图 1-3-1 直接测量数据处理流程框图

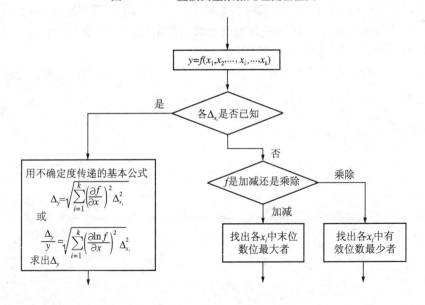

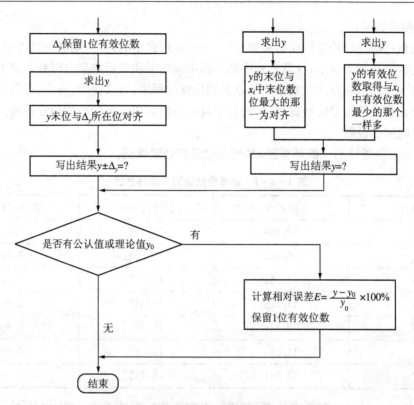

图 1-3-2　间接测量数据处理流程框图

§1.4　实验数据处理方法

科学实验的目的是为了找出事物的内在规律,或检验某种理论的正确性,或准备作为以后实践工作的依据,因而对实验测量收集的大量数据资料必须进行正确的处理。数据处理是指从获得数据起到得出结论为止的加工过程,包括记录、整理、计算、作图、分析等方面。根据不同的需要,可以采取不同的处理方法。本节主要介绍大学物理实验中常用的数据处理方法,包括列表法、图示法和图解法、逐差法等。

1.4.1　列表法

在记录和处理数据时,常常将数据列成表格。这样做可以简单而明确地表示出有关物理量之间的对应关系,便于随时检查测量结果是否合理,及时发现问题和分析问题,有助于找出有关物理量之间的规律,求出经验公式等。数据列表还可以提高处理数据的效率,减少和避免错误。

列表记录、处理数据是一种良好的科学工作习惯。对初学者来说,要设计出一个栏目清楚合理、行列分明的表格虽不是很难办到的事,但也不是一蹴而就的,需要不断训练,逐渐形成习惯。

本书的许多实验,已经设计了数据表格,在使用时应思考:为什么将表格如此设计? 能否更加合理化? 有些实验没有现成的数据表格,希望学生能根据要求,设计出尽量合理的数据表格。列表的要求如下：

1. 各栏目(纵及横)均应标明名称和单位,若名称用自定的符号,则需加以说明。
2. 原始数据应列入表中,计算过程中的一些中间结果和最后结果也可列入表中。
3. 栏目的顺序应充分注意数据间的联系和计算的程序,力求简明、齐全、有条理。
4. 若是函数关系测量的数据表,应按自变量由小到大或由大到小的顺序排列。
5. 必要时附加说明。

例　用读数显微镜测一圆环直径,并列表记录和处理数据。

表 1 - 4 - 1　读数显微镜测一圆环直径

测量次序	左读数/mm	右读数/mm	直径:D_i/mm
1	12.764	16.762	5.998
2	10.843	16.838	5.995
3	11.987	17.978	5.996
4	11.588	17.584	5.996
5	12.346	18.338	5.992
6	11.015	17.010	5.994
7	12.341	18.335	5.994

解　用读数显微镜测圆环直径 D,并将每次测得的数据填入表中,求出各 D_i。用计算器计算得出

$$\overline{D}=5.9944,\Delta_A=0.0024。$$

由读数显微镜的说明书或标牌中可得知

$$\Delta_仪=0.004\ \text{mm}。$$

根据不确定度的合成公式

$$\Delta_D=\sqrt{\Delta_A^2+\Delta_仪^2}=0.0046=0.005,$$

可得最终结果为

$$D\pm\Delta_D=(5.994\pm0.005)\text{mm}。$$

1.4.2　图示法和图解法

1. 图示法

物理实验中测得的各物理量之间的关系,可以用函数式表示,也可以用各种图线表示。后者称为实验数据的图线表示法,简称图示法。工程师和科学家一般对定量的图线很感兴趣,因为定量图线形象直观,使人看后一目了然,它不仅能简明地显示物理量之间的相互关系、变化趋势,而且能方便地找出函数的极大值、极小值、转折点、周期性和其他奇异性。特别是对那些尚未找到适当的解析函数表达式的实验结果,可以从图示法所画出的图线中去寻找相应的经验公式,从而探求物理量之间的变化规律。

作图并不复杂,但对于许多初学者来说,却是一种困难的科学技巧。这是由于他们缺乏作图的基本训练,而在思想上对作图又不够重视所致。然而只要认真对待,并遵循作图的一般规

则进行一段时间的训练,是能够绘制出相当好的图线的。

制作一幅完整的、正确的图线,其基本步骤包括:图纸的选择、坐标的分度和标记、标出实验点、作出实验图线以及注解和说明等。

(1) 图纸的选择

图纸中最常用的是直角坐标纸(毫米方格纸),其他还有对数坐标纸、半对数坐标纸、极坐标纸等。应根据具体情况选取合适的坐标纸。

由于直线是最容易绘制的图线,也便于使用,所以在已知函数关系的情况下,作两个变量之间的关系图线时,最好通过适当的变换将某种函数关系的曲线改为线性函数的直线。

例如:

① $y=a+bx$,y 与 x 为线性函数关系。

② $y=a+b\dfrac{1}{x}$,若令 $u=\dfrac{1}{x}$,则得 $y=a+bu$,y 与 u 为线性函数关系。

③ $y=ax^b$,取对数,则 $\lg y=\lg a+b\lg x$,$\lg y$ 与 $\lg x$ 为线性函数关系。

④ $y=ae^{bx}$,取自然对数,则 $\ln y=\ln a+bx$,$\ln y$ 与 x 为线性函数关系。

对于①,选用直角坐标纸就可得直线;对于②,以 y,u 作坐标时,在直角坐标纸上也是一条直线;对于③,在选用对数坐标纸后,不必对 x、y 做对数计算,就能得到一条直线;对于④,则应选用半对数坐标纸。如果只有直角坐标纸,而要作③、④两类函数关系的直线时,则应将相应的测量值进行对数计算后再作图。

图纸大小的选择,原则上以不损失实验数据的有效位数和能包括所有实验点作为选取图纸大小的最低限度,即图上的最小分格至少应与实验数据中最后一位准确数字相当。

(2) 确定坐标轴和标注坐标分度

习惯上,常将自变量作为横轴,因变量作为纵轴。坐标轴确定后,应在顺轴的方向注明该轴所代表的物理量名称和单位,还要在轴上均匀地标明该物理量的整齐坐标分度。在标注坐标分度时应注意:

① 坐标的分度应以不用计算便能确定各点的坐标为原则,通常只用 1、2、5 进行分度,禁忌用 3、7 等进行分度。

② 坐标分度值不一定从零开始。一般情况可以用低于原始数据最小值的某一整数作为坐标分度的起点,用高于原始数据最大值的某一整数作为终点。两轴的比例也可以不同。这样,图线就能基本充满所选用的整个图纸。

(3) 标出实验点

要根据所测得的数据,用明确的符号准确地标明实验点。要做到不错不漏。常用的符号"+"、"×"、"●"、"○"、"△"、"□"等。

若要在同一张图上画不同的图线,标点时应选用不同的符号,以便区分。

(4) 连接实验图线

连线时必须使用工具,最好用透明的直尺、三角板、曲线板等。

多数情况下,物理量之间的关系在一定范围内是连续的,因此应根据图上各实验点的分布和趋势,作出一条光滑连续的曲线或直线。所绘的曲线或直线应光滑匀称,而且要尽可能使所绘的图线通过较多的实验点。对那些严重偏离图线的个别点,应检查一下标点是否有误,若没错误,表明这个点对应的测量存在重大误差,在连线时应将其舍去不作考虑。其他不在图线上的点,应比较均匀地分布在图线的两侧。如果连直线,最好通过$(\bar{x},\bar{y})$这一点。

对仪器仪表的校正曲线,连接时应将相邻两点连成直线段,整个校正曲线图呈折线形式。

(5) 注解和说明

应在图纸的明显位置处写清图的名称。图名一般可以用文字说明,例如"电压表的校准曲线$\delta U - U$"等。如果在行文或实验报告中已对图有过明确地说明,也可以简单地写成$y - x$图,其中的y和x分别是纵轴和横轴所代表的物理量。此外,还可加注必要的简短说明。

2. 图解法

利用已作好的图线,定量地求得待测量或得出经验公式的方法,称为图解法。例如,可以通过图中直线的斜率或截距求得待测量的值;可以通过内插或外推求得待测量的值;还可以通过图线的渐近线以及通过图线的叠加、相减、相乘、求导、积分、求极值等来得出某些待测量的值。这里主要介绍用直线图解法求出直线的斜率和截距,进而得出完整的直线方程,以及介绍用插值法求待测量的值。

直线图解法的步骤为:

(1) 选点

为求直线的斜率,一般用两点法而不用一点法,因为直线不一定通过原点。在直线的两端任取两点$A(x_1,y_1)$和$B(x_2,y_2)$。一般不用实验点,而是在直线上选取,并用不同于实验点的记号表示,在记号旁注明其坐标值。这两点应尽量分开些,如图1-4-1所示。如果这两点靠得太近,计算斜率时就会使结果的有效位数减少;但也不能取得超出实验数据的范围,因为选这样的点没有实验依据。

(2) 求斜率

设直线方程为$y=ax+b$,则斜率

$$a=\frac{y_2-y_1}{x_2-x_1}。 \tag{1-4-1}$$

(3) 求截距

若坐标起点为零,可将直线用虚线延长,使其与纵坐标轴相交,交点的纵坐标就是截距。

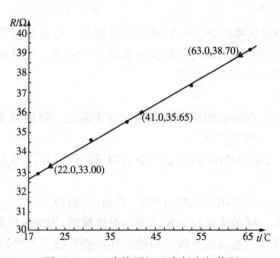

图1-4-1 直线图解法求斜率与截距

若坐标轴的起点不为零,则可用公式计算出截距

$$b=\frac{x_2 y_1 - x_1 y_2}{x_2 - x_1}。 \tag{1-4-2}$$

由得到的斜率和截距,可以得出待测量的值。

例如,热敏电阻的阻值 R_T 与热力学温度 T 的函数关系为

$$R_T = ae^{\frac{b}{T}},$$

其中 a、b 为待定常数。现在测得在一系列 T_i 下的 R_{T_i},用图解法求 a、b。

先将上式做变换,得

$$\ln R_T = \ln a + \frac{b}{T},$$

令 $y = \ln R_T$,$x = \frac{1}{T}$,$a' = b$,$b' = \ln a$,上式变成 $y = a'x + b'$ 的形式。由 T_i 和 R_{T_i} 值可得到一系列的 x_i 和 y_i 值。用这些值作图,所得图线是一条直线。依照上面介绍的方法求出 a' 和 b',再通过换算就能得出 a、b 的值。

在作出实验图线后,实际上就确定了两个变量之间的函数关系。因此,如果知道了其中一个物理量的值,就可以从图线上找出另一个物理量相应的值。如果需要求的值能直接在图线上找到,这就是内插法;如果需要把图线(一般应是直线)延长后才能找到需要求的值,就是外推法。

内插(外推)法的步骤如下,作好实验图线后:

(1) 根据已经知道的物理量的值,在相应的坐标轴上找到与该值对应的点;

(2) 用虚线作通过该点而且与该点所在坐标轴垂直的线段,与图线相交于一点;

(3) 用虚线作通过上述交点而且与原虚线垂直的线段,与待求物理量所在的坐标轴交于一点,该点的坐标对应的值就是与前述已知物理量值所对应的另一个物理量的值。

例如:已经通过实验绘制出波长 λ 和偏向 θ 的关系图线。现在用同一装置在相同的条件下测出某条谱线的偏向角为 θ_1,要求用图解法求这条谱线的波长。

如图 1-4-2 所示,先在图上的 θ 轴上找到 θ_1 这一点,再用前面介绍的方法作两条虚线,后一条虚线与 λ 轴的交点对应的就是 λ_1 的值。在作图时一般应将 θ_1 和 λ_1 的值用括号标注在相应的点旁。

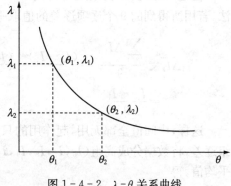

图 1-4-2　λ-θ 关系曲线

1.4.3　逐差法

逐差法是物理实验中常用的数据处理方法之一。它适用于两个被测量之间存在多项式函数关系、自变量为等间距变化的情况。

逐差分为逐项逐差和分组逐差。逐项逐差就是把实验数据进行逐项相减,用这种方法可以验证被测量之间是否存在多项式函数关系,如果函数关系满足 $y = x + b$,逐项逐差所得差值应近似为一常数。分组逐差是将数据分成高、低两组,实行对应项相减。这样做可以充分利用数据,具有对数据取平均的效果,从而较准确地求得多项式系数的值。

下面通过一个具体的例子来说明如何使用逐差法,以及逐差法的优点。

例如:用伏安法测电阻,得到一组数据如表 1-4-2 所示。测量时电压每次增加 2.00 V。现在要验证 $U=IR$ 这个关系式,并求出 R 值——数学形式上相当于 I 的系数。

表 1-4-2　用伏安法测电阻

序号 i	电压 U_i/V	电流 I_i/mA	$\Delta I_{1,i}=I_{i+1}-I_i$/(mA)	$\Delta I_{5,i}=I_{i+5}-I_i$/(mA)
1	0	0	3.95	20.05
2	2.00	3.95	4.05	20.10
3	4.00	8.00	4.05	20.00
4	6.00	12.05	4.05	20.05
5	8.00	16.10	3.95	20.05
6	10.00	20.05	4.00	
7	12.00	24.05	3.95	
8	14.00	28.00	4.10	
9	16.00	32.10	4.05	
10	18.00	36.15		

由表 1-4-2 中逐项所得的 $\Delta I_{1,i}$ 值可以看出它们基本相等,因此可以说明 I 与 U 之间存在着一次线性函数关系。

但是,如果要求得电压每升高 2.00 V 时,电流的平均增加量的话,可以有两种不同的方法,若用所得到的 9 个逐项逐差的值取平均则:

$$\overline{\Delta I_1}=\frac{\sum\limits_{i=1}^{9}\Delta I_{1,i}}{9}=\frac{(I_2-I_1)+(I_3-I_2)+(I_4-I_3)+(I_5-I_4)+\cdots+(I_{10}-I_9)}{9}$$

$$=\frac{I_{10}-I_1}{9}。$$

这样,中间值全部无用,起作用的只是始末两次的测量值,可见这样做是不好的。若用分组逐差,将数据分成高组 (I_6,I_7,I_8,I_9,I_{10}) 和低组 (I_1,I_2,I_3,I_4,I_5) 两组,求得各 $\Delta I_{5,i}$,然后求平均值,得

$$\overline{\Delta I_{5,i}}=\frac{1}{5}\big[(I_{10}-I_5)+(I_9-I_4)+(I_8-I_3)+(I_7-I_2)+(I_6-I_1)\big],$$

再除以 5 便得到每升高 2.00 V 电压时的电流增量值。这样做,全部测量数据都得到了利用。

用伏安法测得的电阻为

$$R=\frac{\Delta U}{\frac{1}{5}\overline{\Delta I_{5,i}}}=\frac{2.00}{\frac{1}{5}\times 20.05}=\frac{2.00}{4.01}=0.499(\text{k}\Omega)。$$

用逐差法处理数据时,需要注意以下几个问题:

(1) 在验证函数表达式的形式时,要用逐项逐差,而不要用分组逐差,这样可以检验每个数据点之间的变化是否符合规律,而不致发生假象,即不规律性被平均效果掩盖起来。

(2) 在用逐差法求多项式的系数值时,不能逐项逐差,必须把数据分成两组,对高组和低

组的对应项逐差,这样才能充分利用数据。

(3) 用分组逐差时,应把数据分成两组。如果数据为 $2l$ 个($l \in \mathbf{Z}$),则低组与高组中数据各为 l 个;如果数据为($2l-1$)个($l \in \mathbf{Z}$),则低组由第 1 个数据到第($l-1$)个数据,高组由第($l+1$)个数据到第($2l-1$)个数据。这是常用的分组方法。

§1.5 利用 Excel 软件处理实验数据

通过演示"半导体磁阻效应"实验数据的处理过程,向大家讲解如何用 Excel 软件来计算数据、绘图、数据拟合并得出经验公式。

材料的电阻会因为外加磁场的变化而增加或减少,这种电阻的变化称为磁阻(MR),外加磁场与磁阻有什么样的关系呢? 可以通过实验测出有关数据,找出它们之间的关系。"半导体磁阻效应"实验要测量和处理的数据有:

1. 用毫特仪测量每个励磁电流 I_m 对应的磁感应强度 B;
2. 测量磁电阻元件输入端的电压 U 和输入电流 I;
3. 计算磁阻值、绘制磁阻曲线(B-MR 曲线)并得出经验公式。

1.5.1 设计表格、输入数据

设计表格的表头,输入数据,并画好边框(选中表格,点击图 1-5-1 中的所有框线)即可。欧姆符号先从 Word 插入符号"Ω"后,再复制到 Excel。把"B2/T2"中的"2"变为上标,先选中数字"2",再右击选择图 1-5-1 中的"设置单元格格式",弹出对话框,选中"上标"即可,下标以此类推。必要时设置所有的字体为"Time New Roman"字体。

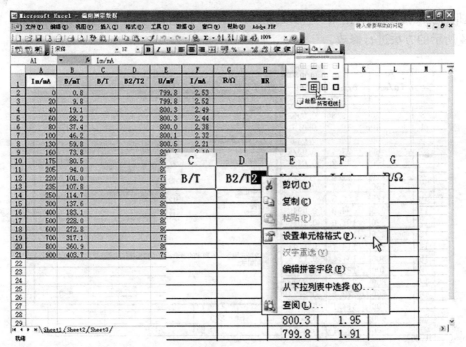

图 1-5-1 输入励磁电流、磁场、磁阻电压电流的实验数据

1.5.2　计算数据

如计算 B，磁感应强度的单位为 T。先点击 C2 框，再在计算栏 f_x 后面写入计算公式。先输入"＝"，再点击 B2 框，然后输入"/1000"即可。

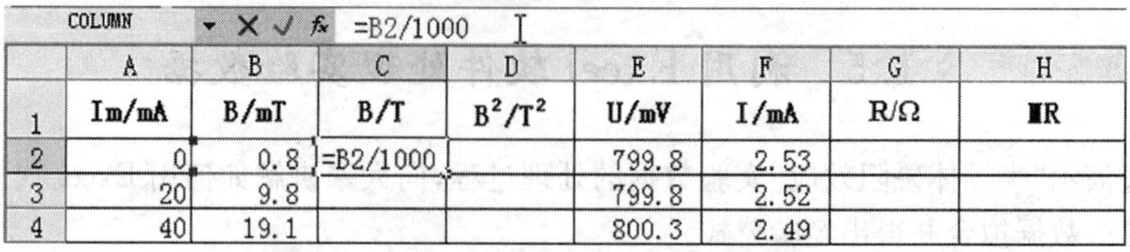

COLUMN		✕ ✓ f_x	=B2/1000					
	A	B	C	D	E	F	G	H
1	Im/mA	B/mT	B/T	B²/T²	U/mV	I/mA	R/Ω	ⅢR
2	0	0.8	=B2/1000		799.8	2.53		
3	20	9.8			799.8	2.52		
4	40	19.1			800.3	2.49		

图 1-5-2　在单元格中写入 B 的单位转换公式

对 C2 框后面的数据进行计算，先点击 C2 框，鼠标变成图 1-5-3 所示，然后点击鼠标左键向下拖动到最后一行即可。

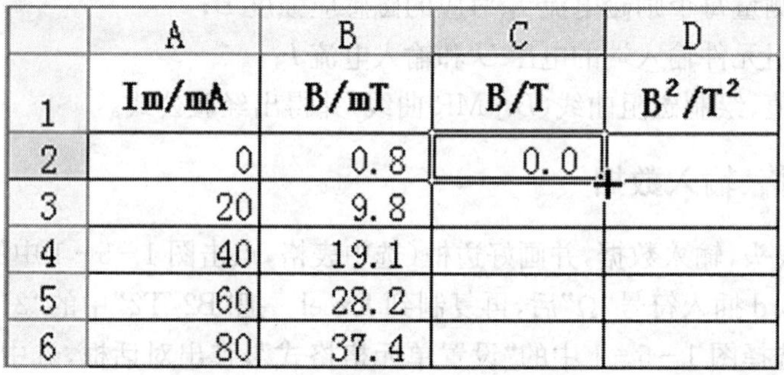

	A	B	C	D
1	Im/mA	B/mT	B/T	B²/T²
2	0	0.8	0.0	
3	20	9.8		
4	40	19.1		
5	60	28.2		
6	80	37.4		

图 1-5-3　把 B 的单位从 mT 转换成 T 的操作

这时小数点后面的数据太少，修改方法是：在 C 列上右击选择"设置单元格格式"，按照图 1-5-4 所示的方法进行修改。

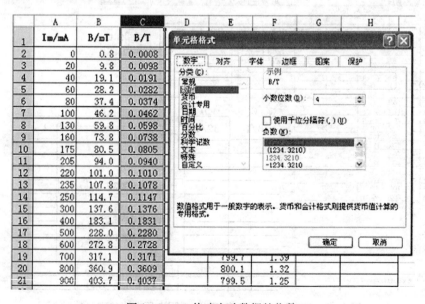

图 1-5-4　修改实验数据的位数

B^2/T^2 计算公式：＝C2^2，其中"^2"表示平方，再向下拖动即可。R/Ω 计算公式：＝E2/F2，再向下拖动即可。MR 计算公式：＝(G2－316.1)/316.1。其中 G2 框的电阻(316.1 Ω)为 $R(0)$，计算时一定要用自己的 $R(0)$ 去替换 316.1，否则是错误的。所有结果如图 1－5－5 所示。

由于 G2 框的有效数字比 316.1 要多，所以 MR 不等于零，改为零即可。

用鼠标选择所有的数据(包括表头)，然后右击复制带表格的数据到 Word 中，粘贴即可。

	A	B	C	D	E	F	G	H
	Im/mA	B/mT	B/T	B^2/T^2	U/mV	I/mA	R/Ω	MR
2	0	0.8	0.0008	0.0000	799.8	2.53	316.1	0.0001
3	20	9.8	0.0098	0.0001	799.8	2.52	317.4	0.0041
4	40	19.1	0.0191	0.0004	800.3	2.49	321.4	0.0168
5	60	28.2	0.0282	0.0008	800.3	2.44	328.0	0.0376
6	80	37.4	0.0374	0.0014	800.0	2.38	336.1	0.0634

图 1－5－5　计算 MR 的值

1.5.3　绘制曲线图

绘制 B-MR 图，B 的数据用 mT 作为单位。

单击图 1－5－6 的图表向导，弹出对话框，选择"平滑线散点图"。选择"下一步"，点击"添加"，出现如图 1－5－7 所示的对话框。

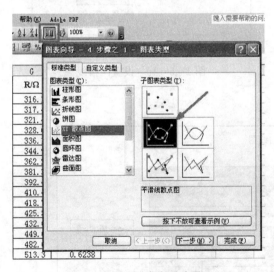

图 1－5－6　图表向导步骤 1

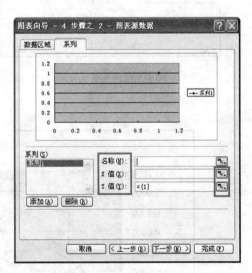

图 1－5－7　图表向导步骤 2

图中的名称根据曲线的名称输入(如 MR 曲线)；X 值、Y 值分别点击后面的图标，然后选择图 1－5－8 中的 B 和 MR 数据，得出曲线图。

点击"下一步"，设置图 1－5－9 的标题；设置图 1－5－10 的网格线。

点击完成，出现图 1－5－11。设置 x 轴、y 轴的坐标轴格式。分别双击坐标轴的数字，弹出坐标轴，对坐标轴进行设计，见图 1－5－12 和图 1－5－13。

修改绘图区的深色为白色,在深色区左键双击,弹出图 1-5-14。设置后的结果如图 1-5-15。在图上右击即可复制图片到 Word 中。

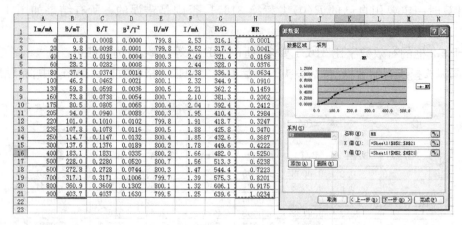

图 1-5-8　绘制 B 和 MR 曲线图

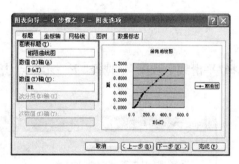

图 1-5-9　设置标题

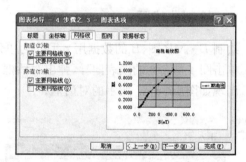

图 1-5-10　设置网格线

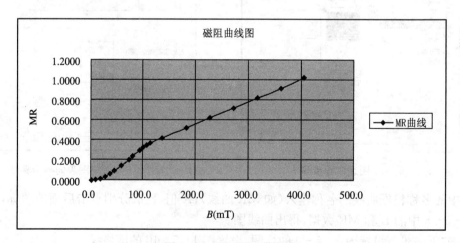

图 1-5-11　磁阻曲线图

图 1-5-12 设置 x 轴的坐标轴格式

图 1-5-13 设置 y 轴的坐标轴格式

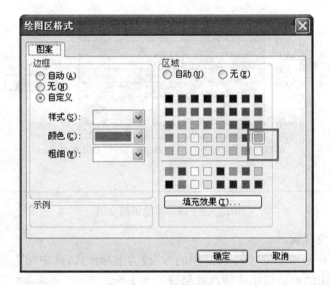

图 1-5-14 绘图区格式

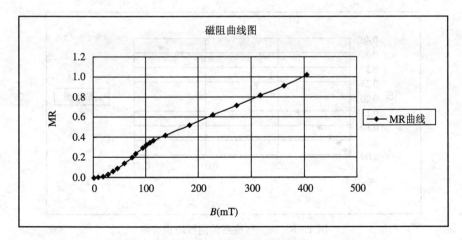

图 1-5-15 修改绘图区颜色

1.5.4　数据拟合、经验公式

在励磁电流 $I_m = 300$ mA 的上面部分数据满足 $MR = a + bB^2$ 变化，令 $x = B^2$，则二次方程变为线性方程，就能进行线性拟合了。

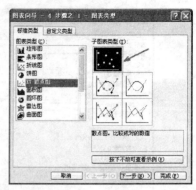

拟合的过程如下：先仿照作曲线图那样作一个"散点图"，再对散点进行拟合。作散点图如图 1-5-16 所示。后面的过程与曲线图类似，不再赘述。

曲线段拟合时，x 轴和 y 轴的数据只能是 $I_m = 300$ mA 的上面部分数据，其结果如图 1-5-17。

图 1-5-16　散点图

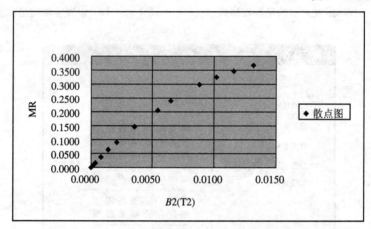

图 1-5-17　曲线段拟合图

除去后面的灰色背景。

将 x 轴的物理符号和单位"B2(T2)"中的"2"改为上标形式，选中"2"，点击右键选择"坐标轴标题格式"，在弹出的对话框中将特色效果设置为上标。

总体效果如图 1-5-18 所示。

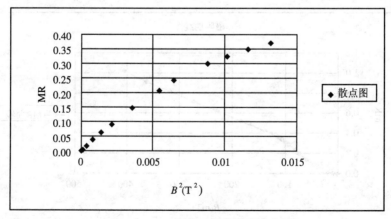

图 1-5-18　修改后的曲线段拟合图

拟合时,在其中一个散点上点右键,选择"添加趋势线",如图 1-5-19 所示。

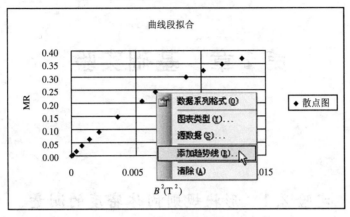

图 1-5-19　添加趋势线

在类型设置中,选择"线性(L)",见图 1-5-20;在选项中,按线条所示进行设置,见图 1-5-21。其结果如图 1-5-22 所示。

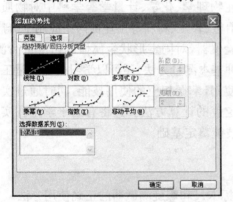

图 1-5-20　选择趋势线类型

图 1-5-21　设置趋势线选项

将显示的方程(经验公式)和 R^2(相关系数的平方)移动到右上角空白处。

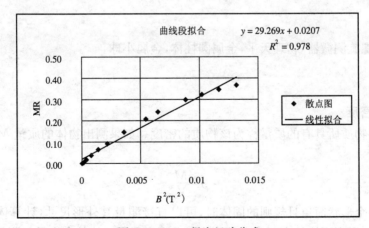

图 1-5-22　得出经验公式

第 2 章   基础实验

实验 2.1   形状规则固体密度的测量

物体的质量与它的体积之比在一定的温度和压力条件下是一个常数,这个常数表明该物体的性质,我们称这一常数为物质的密度。

密度的测量是一项重要的测量技术,它不仅在物理学、化学、计量学等学科中对物质物理性质的研究起着重要的作用,而且在石油、化工、冶金、轻工、材料等工业部门中应用十分广泛。

本实验将使用长度测量工具、物理天平等实验仪器,对固定形状金属体的密度进行测量。通过本实验,同学们不仅可以学习固体密度的一种基本测量方法,还可以学习长度测量工具游标卡尺、螺旋测微器和质量测量工具物理天平的使用,掌握相应的使用技能,同时通过实验记录数据和对数据进行处理,掌握有效数字和不确定度的计算方法。这将有助于学生在实验方法和技能方面得到良好的训练,为后续学习专业技能奠定基础。

【实验目的】

1. 掌握游标和螺旋测微装置的原理,学会游标卡尺和螺旋测微器的正确使用方法。
2. 学习正确调节和使用物理天平,并测出金属体的质量。
3. 学习数据记录,掌握等精度测量中误差的估算方法和有效数字的基本运算。

【实验仪器】

游标卡尺,螺旋测微器,物理天平,金属圆柱体,金属小球。

【实验原理】

1. 物体的密度

单位体积的物质所具有的质量称为该物质的密度。如果测出物体的质量 M 和体积 V,则其密度为

$$\rho = \frac{M}{V}。 \tag{2-1-1}$$

当物体是一个形状简单且规则的固体时,可以直接测量其外形尺寸,计算体积,然后用天平称出质量,即可得到固体的密度。本实验将对一个金属圆柱体的密度进行测量,因此我们首先需要测量它的尺寸(长度)求出体积,再称出它的质量,即可达到目的。

2. 长度的测量

无论在工程技术应用中,还是在研究、实验中,长度的测量是一个最常见、最基本的测量,使用的工具也是生产实际中最常用的工具,掌握它们的使用方法具有十分重要的意义,也是高职学生应掌握的一项最基本的技能。因此学生通过对金属圆柱体尺寸的测量,必须熟练掌握基本的测量方法。

（1）游标卡尺

① 结构

游标卡尺的构造如图 2-1-1 所示。主尺 D 是一根具有毫米分度的直尺,主尺头上有钳口 A 和刀口 A′。D 上套有一个可滑动的副尺 E,又称游标。其上装有钳口 B 和刀口 B′ 及尾尺 C。当钳口 A 与 B 靠拢时,游标的"0"线刚好与主尺上的"0"线对齐,这时读数是 0。测量物体的外部尺寸时,可将物体放在 A、B 之间,用钳口夹住物体,这时游标"0"线在主尺上的示数,就是被测物体的长度。同理,测量物体的内径时,可用 A′、B′ 刀口;测孔眼深度和键槽深度时可用尾尺 C。

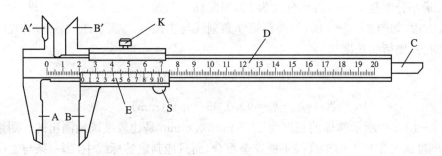

A、B—钳口;A′、B′—刀口;C—尾尺;D—主尺;E—副尺（游标）;K—固定螺丝;S—推把

图 2-1-1　游标卡尺

② 读数原理

利用游标和主尺配合,至少可以较准确地直接读出毫米以下 1 位或 2 位小数。在 10 分度的游标中,10 个分度的总长度刚好与主尺上 9 个最小分度的总长度相等,这样每个分度的长是 0.9 mm,每个游标分度比主尺的最小分度短 0.1 mm。当游标 0 线对在主尺上某一位置时,如图 2-1-2 所示,毫米以上的整数部分 y 可以从主尺上直接读出,$y=11$ mm。读毫米以下的小数部分 Δx 时,应细心寻找游标与主尺上的刻线对得最齐的那一条线,图 2-1-2 中,游标上第 6 条线对得最齐,要读的 Δx 就是 6 个主尺分度与 6 个游标分度之差。因 6 个主尺分度之长是 6 mm,6 个游标分度之长是 6×0.9 mm,故

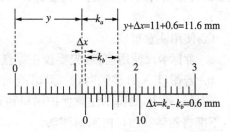

图 2-1-2　读数原理（一）

$$\Delta x=6-6×0.9=6×(1-0.9)=0.6(\text{mm}),$$

从而总长

$$l=y+\Delta x=11+0.6=11.6(\text{mm})。$$

为了读数精确,还可用 20 分度和 50 分度的游标,他们的原理和读数方法都相同。如果用 a 表示主尺上最小分度的长度,b 表示游标上最小分度的长度,用 n 表示游标的分度数,并且取 n 个游标分度与主尺($n-1$)个最小分度的总长相等,则每一个游标分度的长度为

$$b=\frac{(n-1)a}{n},\qquad\qquad(2-1-2)$$

这样,主尺最小分度与游标分度的长度差值为

$$a-b=a-\frac{(n-1)a}{n}=\frac{a}{n}。\qquad(2-1-3)$$

测量时,如果游标第 k 条刻线与主尺上的刻线对齐,那么游标 0 线与主尺上左边相邻刻线的距离

$$\Delta x=ka-kb=k(a-b)=k\frac{a}{n}。\qquad(2-1-4)$$

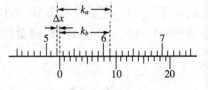

图 2-1-3　读数原理(二)

根据上面的关系,对于任何一种游标,只要弄清它的分度数与主尺最小分度的长度,就可以直接利用它来读数。例如,主尺最小分度是 1 mm,游标分度为 20,当游标 0 刻线在 52 mm 右边,如图 2-1-3 所示,游标第 9 条刻线与主尺某一刻线对齐,则待测长度

$$l=y+\Delta x=52+9\times\frac{1}{20}=52.45(\text{mm}),$$

$$\Delta x=k_a-k_b=9\times0.05=0.45(\text{mm})。$$

在图 2-1-2 中所示物体的长度为 11.6 mm,0.6 mm 是比较准确地测出的。测量中有时游标上的刻度线与主尺上的刻度线不能完全重合,而只能判定游标线中,哪一条与主尺刻线更接近,因此最后 1 位可估读数的误差不大于($a-b$)/2。当游标为 20 分度时,它们的估读误差不大于($a-b$)/2=0.05/2=0.025 mm。由误差理论可认为误差在 0.01 mm 位上。因此,图 2-1-3 所示的物体长度 52.45 mm 后面不再加 0。而对 1/10 游标,读数后可再估读一位。同理,对 50 分度的游标读数最后 1 位也只能写到 0.01 mm 位上。另外,在一些可以相对旋转的仪器部件上附有弯游标(或称角游标),可以较准确地读出 1/100 度的角度数,其原理与游标尺相同。

③ 使用注意事项

a. 游标卡尺使用前,首先要校正零点。

b. 若钳口 A、B 接触时,游标“0”线与主尺“0”线不重合,应找出修正量,然后再使用。

测量过程中,要特别注意保护钳口和刀口,只能轻轻地将被测物卡住。不能测量粗糙的物体,不准将物体在钳口内来回移动。

(2)螺旋测微器

① 结构与读数原理

螺旋测微器是比游标卡尺更精密的测量仪器,常见的一种如图 2-1-4 所示,其准确度至少可达到 0.01 mm,它的主要部分是测微螺旋。测微螺旋是由一根精密的测微螺杆和螺母套管(其螺距是 0.5 mm)组成。测微螺杆的后端还带有一个 50 分度的微分筒,相对于螺母套管转过一周后,测微螺杆就会在螺母套管内沿轴线方向前进或后退 0.5 mm。同理,当微分筒转

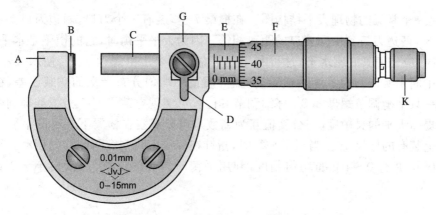

A—尺架;B—测砧;C—测微螺旋;D—锁紧装置;E—固定套筒;
F—微分筒;G—螺母套管;K—棘轮旋柄

图 2-1-4 螺旋测微器

过一个分度时,测微螺杆就会前进或后退 $\frac{1}{50} \times 0.5 = 0.01(\text{mm})$。为了精确读出测微螺杆移动的数值,在固定套筒上刻有毫米分度标尺,水平横线上、下两排刻度相同,并相互均匀错开,因此相邻一上一下刻度之间的距离为 0.5 mm。

② 使用与读数

当转动螺杆使测砧测量面刚好与测微螺杆端面接触时,微分筒锥面的端面就应与固定套筒上的"0"线相齐。同时,微分筒上的"0"线也应与固定套筒上的水平准线对齐,这时的读数是 0.000 mm,如图 2-1-5(a)所示。测量物体时,应先将微分筒沿逆时针方向旋转,将测微螺杆退开,把待测物体放在测砧和螺杆之间。然后轻轻沿顺时针方向转动棘轮,当听到喀喀声时即停止。这时固定在套筒的标尺和微分筒锥面分度上的示数就是待测物体的长度。读数时,从标尺上先读整数部分(有时读到 0.5 mm),从微分筒分度上读出小数部分,估计到最小分度的 1/10,然后两者相加。例如,图 2-1-5(b)所示应读作 4.5+0.185=4.685(mm)。由此可见,

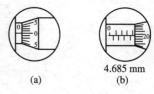

4.685 mm

(a) (b)

图 2-1-5 读数原理

螺旋测微器可以准确读到 0.01 mm,所以它是比游标卡尺更为精密的测量工具。

③ 使用注意事项

a. 使用螺旋测微器测量长度时,必须先校正零点。当旋转棘轮,使两个测量端面接触时,若所示数值不为 0,一定要找出修正量,然后再进行测量。

b. 测量过程中,当测量面与物体之间的距离较大时,可以旋转微分筒去靠近物体。当测量面与物体间的距离甚小时,一定要改用棘轮,使测量面与物体轻轻接触,否则易损伤测微螺杆,降低仪器的准确度。

c. 测量完毕应使测量面之间留有空隙,以防止因热膨胀而损坏螺纹。

3. 质量的测量

物理天平是根据阿基米德杠杆原理称量物体质量的仪器,物理天平的主要规格有最大称量和分度值。最大称量是指天平允许称量的最大质量,分度值是指天平平衡时,为使天平指针在标尺上产生一个分度偏转所需加的最小质量,即标尺上最小分度所对应的质量。图

2-1-6是一个常见的物理天平结构图。在横梁7上,装有三个刀口,两边刀口上各挂一个托盘13、13′,两边刀口到中间刀口的距离相等。因为天平平衡时,它的横梁是水平的,所以使用天平时,应先使其底座水平,这可利用调节左右两个水平螺丝1、1′,使水准器14中的气泡处在中间来实现。为了消除横梁、托盘等质量不均匀分布带来的空载误差,在横梁两端各装有一只平衡调节螺母8、8′,仔细调节其位置可实现空载平衡。为了准确判断天平是否平衡并提高天平的灵敏度(与分度值互为倒数),可以观察在横梁下装有的平衡指针9以及在支座上装有的标尺16。当天平平衡时,指针在标尺中间刻度两侧均匀摆动。天平横梁上装有游码6,并有0~1 g的均匀刻度,利用平衡时游码的位置,可读出小于1 g质量的读数。

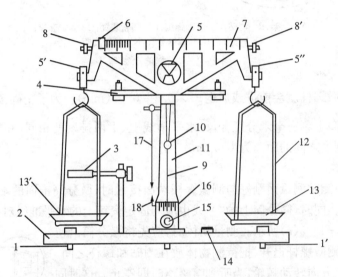

1,1′—水平调节螺丝;2—底座;3—托架;4—横梁托;5,5′,5″—刀口;
6—游码;7—横梁;8,8′—平衡调节螺母;9—平衡指针;10—配重;
11—立柱;12—托盘架;13,13′—托盘;14—水准器;15—开关
旋钮;16—标尺;17—铅锤;18—铅锤准针

图2-1-6 物理天平

可见,在用天平称量物体质量时,应进行以下调节:

(1)调节底座水平。调节左右两只水平螺丝,使水准器14的气泡位于中间。

(2)调节空载平衡。调节横梁7两端的平衡螺母8(或8′),使天平空载时的平衡指针9在标尺16的中间均匀来回摆动。

在使用天平称量物体质量时,一般左托盘盛放待测物,加减右托盘内的砝码和调节游码6,使天平平衡。此时砝码的质量加上游码的读数就等于待测物体的质量。

天平是比较精密的仪器,在使用中要注意以下事项:

(1)只有在判断天平是否平衡时,才能旋转开关旋钮15把横梁升起,在取放砝码、取放物体、调节平衡螺母和不使用天平时,必须使开关旋钮处在关的位置,让横梁搁在支架上。严禁在横梁升起的状态下进行仪器调节或加减砝码的操作。

(2)在调节天平、加减砝码以及转动开关旋钮时,动作要轻。

(3)砝码应该放在砝码盒或托盘中,不要随意乱放。

（4）砝码应该用镊子拿取，不要用手拿取。

（5）不得用手触摸刀口。

（6）天平用毕，应把吊耳摘离刀口 5，搁在横梁上以保护刀口。

本实验将根据上述的天平使用原理和使用方法称出金属圆柱体和金属小球的质量。

【实验步骤与方法】

1. 用游标卡尺测量圆柱体的直径和高，并计算体积；

2. 用螺旋测微器测量小钢球的直径；

3. 用物理天平称出金属圆柱体和小球的质量。

【实验数据记录与处理】

1. 记录圆柱体的直径 D、高 h 填于表 2-1-1 中，并计算圆柱体的体积。

仪器：游标卡尺。最小分度：_____。零点 $\Delta_仪$：_____。

表 2-1-1 圆柱体的直径和高记录表

测量次数	1	2	3	4	5	6	7	8	9	平均值
直径 D/mm										
高 h/mm										

用平均值的标准误差公式计算 $S_{\bar{D}}$、$S_{\bar{h}}$ 并将直接测量结果表示为

$$D=\overline{D}\pm S_{\bar{D}}, h=\overline{h}\pm S_{\bar{h}}.$$

用直接测量结果和标准误差的传递公式计算间接测量量——圆柱体的体积及其标准误差，并表示为

$$V=\overline{V}\pm S_{\bar{V}}.$$

2. 记录小钢球的直径并计算其体积。

仪器：螺旋测微器。最小分度：_____。零点 $\Delta_仪$：_____。

表 2-1-2 小钢球的直径记录表

测量次数	1	2	3	4	5	6	7	8	9	平均值
直径 D/mm										
体积 V/mm³										

计算 $S_{\bar{D}}$，将直接测量结果表示为 $D=\overline{D}\pm S_{\bar{D}}$，再利用球体的体积公式和误差传递公式，计算 $\overline{V}$ 和 $S_{\bar{V}}$，并表示为

$$V=\overline{V}\pm\Delta S_{\bar{V}}.$$

3. 记录金属圆柱体和小球的质量。

表 2-1-3 金属圆柱体和小球的质量记录表

圆柱体质量 M_1/g	$M_1=$	$M_1=$ ±
小球质量 M_2/g	$M_2=$	$M_2=$ ±

4. 利用以上数据计算出圆柱体、小球的密度。

【思考】

1. 有一角游标,主尺 29°(29 分格)对应于游标 30 个分格,问这个角游标的分度值是多少?有效数字最后一位应读到哪位?

2. 已知一游标卡尺的游标刻度有 50 个,用它测得某物体的长度为 5.428 cm,在主尺上的读数是多少? 通过游标读出的读数是多少? 游标上的哪一刻线与主尺上的某一刻线对齐?

3. 小制作:(1) 用硬纸片制作一个准确度为(1/10) mm 的游标尺;(2) 利用硬纸板给半圆仪加一个准确度为 6′的角游标。

4. 除了本实验的测量固体密度的方法外,你还能想出其他测量固体密度的方法来吗? 如果固体形状不规则,或密度小于水的密度,你能测量它们的密度吗?

实验 2.2 用单摆测重力加速度

单摆实验是个经典实验,许多著名物理学家都对单摆进行过细致地研究,如伽利略的等时性原理,惠更斯利用等时性原理制造了惠更斯摆钟等,从而极大地提高了计时精度。

【实验目的】

1. 理解单摆的周期与摆长的关系;
2. 学会用单摆测量重力加速度。

【实验仪器】

单摆,秒表,米尺,游标卡尺或螺旋测微器。

【实验原理】

单摆:一根不会伸长的轻质细线上端固定、下端系体积很小的重球。给小球一个摆角 θ 后释放,小球在平衡位置做往返周期性摆动。(如图 2-2-1 所示)

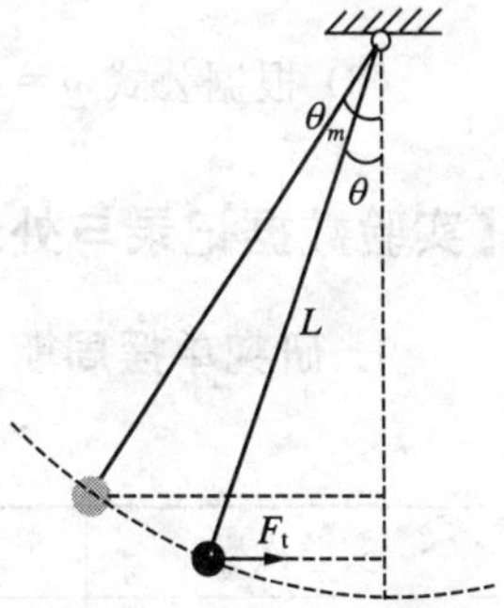

不计空气浮力和摩擦阻力时,回复力 $F_t = -mg\sin\theta$。当角位移很小($\leqslant 5°$)时,

$$F_t \approx -mg\theta。 \qquad (2-2-1)$$

由牛顿第二定律得

$$m\frac{\mathrm{d}^2(L\theta)}{\mathrm{d}t^2} = -mg\theta, \qquad (2-2-2)$$

所以有

$$\frac{\mathrm{d}^2\theta}{\mathrm{d}t^2} = -\frac{g}{L}\theta。 \qquad (2-2-3)$$

令 $\omega^2 = \dfrac{g}{L}$,得摆球的动力学方程:

$$\frac{\mathrm{d}^2\theta}{\mathrm{d}t^2} + \omega^2\theta = 0。 \qquad (2-2-4)$$

可见摆角很小时($\theta \leqslant 5°$),摆球的运动是简谐振动,其周期为

$$T = \frac{2\pi}{\omega} = 2\pi\sqrt{\frac{L}{g}}。 \qquad (2-2-5)$$

由此可得重力加速度:

$$g = 4\pi^2\frac{L}{T^2}。 \qquad (2-2-6)$$

注意:该公式是在未考虑小球的体积、摆动的角度、空气浮力及空气阻力的情况下得到的。

因此,只要测出单摆的摆长 L 和振动周期 T,就可以计算出当地的重力加速度 g。

图 2-2-1

【实验步骤与方法】

1. 研究单摆周期 T 与摆长 L 的关系

(1) 调整摆线长度,使摆长 L 等于 50.00 cm;测量小球摆动 50 个周期所需时间 t,并求出周期 T。

(2) 改变摆长 L 等于 60.00 cm、70.00 cm、80.00 cm、90.00 cm、100.00 cm 时,重复上述测量步骤。

(3) 在坐标纸上绘制 $T^2 - L$ 曲线,求出直线斜率 $k = \Delta T^2 / \Delta L$ 并验证单摆周期公式;由 $k = 4\pi^2 / g$,求出重力加速度 g。

2. 测量本地区的重力加速度 g

(1) 固定摆长,测量摆长的长度 L。取摆线 100 cm 左右,先用米尺测量悬点到小球最低点的距离 L_0,再用游标卡尺测量小球直径 d,L_0 和 d 应该进行多次测量求平均值,则 $L = L_0 - d/2$。

(2) 测量单摆的周期 T。在单摆偏角不超过 5° 的条件下,让小球尽可能在同一竖直平面内,以较小的振幅摆动,用秒表测出 50 次全振动所需的时间(测 5 次求平均值)。

(3) 根据公式 $g = 4\pi^2 \dfrac{L}{T^2}$ 计算重力加速度 g。

【实验数据记录与处理】

1. 研究单摆周期 T 与摆长 L 的关系

表 2 - 2 - 1　单摆周期 T 与摆长 L 的关系

实验次数	L/m	T/s	T^2/s^2	g/(m·s^{-2})
1				
2				
3				
4				
5				
平均				

2. 测量重力加速度 g

表 2 - 2 - 2　测量重力加速度 g

实验次数	$L = (L_0 - d/2)$/m		T/s	g/(m·s^{-2})
	L_0/m	d/m		
1				
2				
3				
4				
5				
平均				

【注意事项】

1. 摆角 θ 应小于 $5°$。

2. 测量单摆周期时,应使单摆在同一垂直平面内摆动,避免单摆成为圆锥摆。

3. 测量周期时,应在摆球通过平衡位置时开始计时。为了减小视差,可利用平面镜。在单摆摆过平面镜时,当摆线、镜面刻线和摆线在镜中的像三者重合时计数。

4. 用作图法求斜率取点时,应在直线上另取两点,而不是取原数据点。

5. 摆动次数不要数错。

【思考】

1. 为什么测量周期时要在摆球通过平衡位置时开始计时,而不在摆球到达最大位移时开始计时?

2. 根据间接测量不确定度的传递公式,分析本实验中哪个量的测量对 g 的影响最大?

3. 为什么单摆的摆长越长,测量 g 值越准确?

实验 2.3　固体材料杨氏模量的测定

杨氏模量是描述材料本身弹性的物理量。应力大而应变小,则杨氏模量较大;应力小而应变大,则杨氏模量较小。杨氏模量反映了材料对变形的抵抗能力。为了了解材料的性能,可以对材料的杨氏模量进行测量。弯曲法金属杨氏模量实验仪是在弯曲法测量固体材料杨氏模量的基础上,加装霍耳位置传感器而成的。通过霍耳位置传感器的输出电压与位移量的线性关系来定标和测量微小位移量,这是微小位移的非电量电测新方法。

【实验目的】

1. 了解霍耳位置传感器的特性;
2. 掌握弯曲法测量黄铜杨氏模量的工作原理;
3. 掌握对霍耳位置传感器定标的方法;
4. 学会用定标的霍耳位置传感器来测量可锻铸铁的杨氏模量。

【实验仪器】

霍耳位置传感器测杨氏模量装置(包括底座固定箱、读数显微镜、95 型集成霍耳位置传感器、磁铁两块等),霍耳位置传感器输出信号测量仪,米尺,游标卡尺,螺旋测微器,待测金属(铜片和铁片)。

【实验原理】

1. 霍耳位置传感器

霍耳元件置于磁感应强度为 B 的磁场中,在垂直于磁场方向通以电流 I,则与这两者相垂直的方向上将产生霍耳电势差 U_H:

$$U_H = KIB, \tag{2-3-1}$$

式(2-3-1)中 K 为元件的霍耳灵敏度。如果保持霍耳元件的电流 I 不变,而使其在一个均匀梯度的磁场中移动时,则输出的霍耳电势差变化量为

$$\Delta U_H = KI \frac{dB}{dZ} \Delta Z, \tag{2-3-2}$$

式(2-3-2)中 ΔZ 为位移量,此式说明若 $\frac{dB}{dZ}$ 为常数时,ΔU_H 与 ΔZ 成正比。

为实现均匀梯度的磁场,如图 2-3-1 所示,用两块相同的磁铁(磁铁截面积及表面磁感应强度相同)相对放置,即 N 极与 N 极相对,两磁铁之间留一等间距间隙,霍耳元件平行于磁铁放在该间隙的中轴上。间隙大小要根据测量范围和测量灵敏度要求而定,间隙越小,磁场梯度就越大,灵敏度就越高。磁铁截面要远大于霍耳元件,以尽可能减小边缘效应影响,提高测量精确度。

若磁铁间隙内中心截面处的磁感应强度为零,霍耳元件处于该处

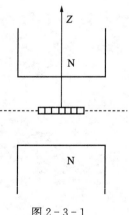

图 2-3-1

时,输出的霍耳电势差应该为零。当霍耳元件偏离中心沿 Z 轴发生位移时,由于磁感应强度不再为零,霍耳元件也就产生相应的电势差输出,其大小可以用数字电压表测量。由此可以将霍耳电势差为零时元件所处的位置作为位移参考零点。

霍耳电势差与位移量之间存在一一对应关系,当位移量较小(<2 mm)时,这一对应关系具有良好的线性。

2. 杨氏模量

杨氏模量测定仪主体装置如图 2-3-2 所示,在横梁弯曲的情况下,杨氏模量 Y 可以用下式表示:

$$Y = \frac{d^3 Mg}{4a^3 b \Delta Z},\qquad (2-3-3)$$

其中 d 为两刀口之间的距离,M 为所加砝码的质量,a 为梁的厚度,b 为梁的宽度,ΔZ 为梁中心由于外力作用而下降的距离,g 为重力加速度。

【实验步骤与方法】

1. 安装与调试

(1) 取下包装箱,旋开固定在底座箱上的 5 mm 螺栓,向上移去,露出主体部件。取出磁铁、读数显微镜,然后固定在各自的调节架上,样品(铜板和冷轧板)安放在台面板上。其余部件装在包装箱内,包括 10.0 g 砝码 8 块、20.0 g 砝码 2 块、铜杠杆 1 套(包括集成霍耳传感器、铜刀口支点、圆柱体支点、三芯插座及引线)、砝码铜刀口 1 件(有基线)、砝码座 1 只、底座箱水平调节螺丝 3 个。

(2) 将有调节水平的螺丝旋在底座箱上,然后将实验装置放在底座箱上,并且旋紧固定螺丝 4 只,以免台面板变形。

(3) 将横梁穿在砝码铜刀口内,安放在两立柱刀口的正中央位置。装上铜杠杆,将有传感器的一端插入两立柱刀口中间,该杠杆中间的铜刀口放在刀座上。圆柱形拖尖应在砝码刀口的小圆洞内,传感器若不在磁铁中间,可以旋松固定螺丝使磁铁上下移动,或者旋动调节架上的套筒螺母使磁铁上下微动,再固定之。注意杠杆上霍耳传感器应处于水平位置(圆柱体有固定螺丝)。

(4) 将铜杠杆上的三眼插座插在立柱的三眼插针上,用仪器电缆一端连接测量仪器,另一端插在立柱另外的三眼插针上。接通电源,调节磁铁或仪器上的调零电位器,使在初始负载的条件下仪器指示处于零值。大约预热 10 分钟左右,指示值即可稳定。

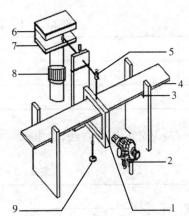

1—铜刀口上的基线;2—读数显微镜;3—刀口;4—横梁;
5—铜杠杆(顶端装有 95A 型集成霍耳传感器);6—磁铁盒;
7—磁铁(N 极相对放置);8—调节架;9—砝码挂钩

图 2-3-2　杨氏模量测定仪主体装置

(5) 调节读数显微镜目镜,直到眼睛观察到镜内的十字线和数字清晰,然后移动读数显微镜直到能够清楚看到铜刀口上的基线,再转动读数旋钮,使刀口点的基线与读数显微镜内十字刻线吻合。

2. 霍耳位置传感器的定标

安装、调试后,要做以下检查:杠杆的水平、刀口的垂直、挂砝码的刀口处于梁中间。要防止外加风的影响,杠杆要安放在磁铁的中间,注意不要与金属外壳接触。一切正常后加砝码,使梁弯曲产生位移 ΔZ,精确测量传感器信号输出端的数值与固定砝码架的位置 Z 的关系,也就是用读数显微镜对传感器输出量进行定标(注意砝码大小),测量数据记入表 2-3-1,使得 $U-\Delta Z$ 之间呈现很好的线性关系,并计算出比例系数 K。

3. 黄铜样品的杨氏模量测量

(1) 用直尺测量横梁的长度 d,游标卡尺测其宽度 b,螺旋测微器测其厚度 a,测量数据记入表 2-3-2。

(2) 利用读数显微镜,测出黄铜样品在重物作用下的位移,测量数据记入表 2-3-3。

(3) 根据式(2-3-3),计算黄铜的杨氏模量。

4. 用霍耳效应测量铁样品的杨氏模量

(1) 把铜样品换成铁制样品。

(2) 调整霍耳位置传感器信号输出测量仪,使铁样品未加砝码时,电压为零。

(3) 测得不同重物下的电压值,填入表 2-3-4 中。

(4) 由公式 $\Delta Z = \dfrac{U}{K}$,计算各重物下的位移,算出铁制样品每变化 20 g 时产生的位移量 ΔZ 的平均值。

(5) 由式(2-3-3)计算铁制样品的杨氏模量。

【实验数据记录与处理】

表 2-3-1　霍耳位置传感器静态特性测量

M/g	0.00	10.00	20.00	30.00	40.00	50.00	60.00	70.00
Z/mm								
U/mV								

作出 $U-\Delta Z$ 的拟合直线,求出 $K = \dfrac{U}{\Delta Z}$。

表 2-3-2　长度测量数据记录表

长度/cm	测 量 次 数			平均值
	1	2	3	
d				
b				
a				

表 2-3-3　黄铜样品的位移测量

位　移	测　量　次　数					
	1	2	3	4	5	6
M/g	0.00	20.00	40.00	60.00	80.00	100.00
ΔZ/mm						

表 2-3-4　铁样品的位移测量

位　移	测　量　次　数					
	1	2	3	4	5	6
M/g	0.00	20.00	40.00	60.00	80.00	100.00
U/mV						
ΔZ/mm						

用数据逐差法算出样品在负重每变化 20 g 时产生的位移量 ΔZ 的平均值：

$$\overline{\Delta Z}=\frac{1}{3}\left[(\overline{\Delta Z_4}-\overline{\Delta Z_1})+(\overline{\Delta Z_5}-\overline{\Delta Z_2})+(\overline{\Delta Z_6}-\overline{\Delta Z_3})\right]=\underline{\hspace{2cm}}\text{mm}。$$

故杨氏模量的测量平均值：

$$Y=\frac{d^3Mg}{4a^3b\,\overline{\Delta Z}}=\underline{\hspace{2cm}}\text{N/m}^2。$$

【注意事项】

1. 梁的厚度必须测量准确。用螺旋测微器测量黄铜厚度 a 时，在测微螺杆将要与金属接触时，必须用微调棘轮。当听到"嗒、嗒、嗒"三声时，应停止旋转。有个别学生实验误差较大，其原因是螺旋测微器使用不当，测得黄铜梁厚度偏小。

2. 读数显微镜的准丝对准铜挂件(有刀口)的标志刻度线时，注意要区别是黄铜梁的边沿，还是标志线。

3. 霍耳位置传感器定标前，应先将霍耳传感器调整到零输出位置，这时可调节磁铁盒下面升降杆上的旋钮，达到零输出的目的，另外，应使霍耳位置传感器的探头处于两块磁铁的正中间稍偏下的位置，这样测量数据更可靠。

4. 加砝码时，应该轻拿轻放，尽量减小砝码架的晃动，这样可以使电压值在较短的时间内达到稳定值，省省实验时间。

5. 实验开始前，必须检查横梁是否有弯曲，如果有弯曲，应矫正。

【思考】

1. 杨氏模量的测量公式成立的条件是什么？

2. 实验中影响实验结果的因素有哪些？

3. 增加或减少相同砝码时位移的变化也应接近于等量，为什么？

实验 2.4　毛细管法测定液体表面张力系数

液体的表面由于表面层内分子力的作用,存在着一定张力,称为表面张力。表面张力的存在使液体的表面犹如张紧的弹性薄膜,有收缩的趋势。工业生产中使用的浮选技术、动植物体内液体的运动、土壤中水的运动等都有液体表面张力的表现。工业生产中对表面张力有着特殊的要求,研究液体表面张力具有重要的意义。测量液体表面张力系数有多种方法,如拉脱法、毛细管法、平板法、最大工业气泡压力法等,本实验用毛细管法测定水的表面张力系数。

【实验目的】

掌握用毛细管法测定液体表面张力系数的方法。

【实验仪器】

毛细管及支架,测高仪,显微镜,玻璃棒(附针尖),温度计,烧杯,纯净水。

【实验原理】

1. 表面张力

液体的表面,由于表面层内分子力的作用,存在着一定张力,称为表面张力。设想在液面上作一条长为 L 的线段,表面张力就表现为线段两侧的液面以一定的拉力 F 相互作用,此拉力的方向与线段垂直,大小与线段的长度 L 成正比,即

$$F = \alpha L。 \tag{2-4-1}$$

式中,比例系数 α 称为液体的表面张力系数,它表示作用在液体表面单位长度的力的大小,单位是 N/m。

2. 浸润与不浸润现象

当液体和固体接触时,若固体和液体分子间的吸引力大于液体分子间的吸引力,液体就会沿固体表面扩展,这种现象叫浸润。若固体和液体分子间的吸引力小于液体分子间的吸引力,液体就不会在固体表面扩展,叫不浸润。浸润与不浸润取决于液体、固体的性质。

3. 用毛细管法测水的表面张力系数

将一毛细管插入水中,由于水对玻璃是浸润的,在管内的水面将成凹面,如图 2-4-1(a) 所示;又由于水面内存在表面张力,有使水面缩小变平的趋势,所以弯曲的液面对于下层的液体施以压力,这压力是负的。当液面成凸面时,这压力是正的,如图 2-4-1(b) 所示。

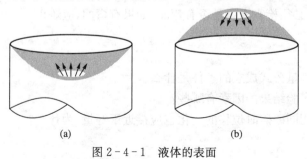

(a)　　　　　　　　(b)

图 2-4-1　液体的表面

在图 2-4-2 中,毛细管中的水面是凹面,它对下层的水施以负压,因此,在表面张力的作用下,毛细管内的水面就会上升,直到高出管外水平面的水柱的重量和上述负压力平衡为止。这两个力的平衡可表示为

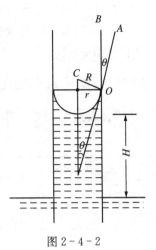

$$\rho g H \pi r^2 = 2\pi r \alpha \cos\theta, \qquad (2-4-2)$$

式中 ρ 为水的密度,g 为重力加速度,θ 为接触角(液体表面的切线和固体表面的切线在液体内所成的角度),α 为表面张力系数,r 为毛细管的半径,H 为水在毛细管中上升的高度。

表面张力系数可表示为

$$\alpha = \frac{\rho g H r}{2\cos\theta}。 \qquad (2-4-3)$$

对于清洁的玻璃和水,接触角 θ 近似为零,则

$$\alpha = \frac{1}{2}\rho g H r。 \qquad (2-4-4)$$

图 2-4-2

测量 H 时,是测的凹面的最低点到管外水平表面的高度,而凹面最低点上方周围少量的水并未考虑。当 $\theta = 0°$ 时,凹面可以看做半球形,因此这部分水的体积为 $\pi r^3 - \frac{2}{3}\pi r^3 = \frac{1}{3}\pi r^3$,即等于管中高为 $\frac{r}{3}$ 的水柱的体积。因此,上述讨论中的 H 值,应当增加 $\frac{r}{3}$ 的修正值。于是式(2-4-4)成为

$$\alpha = \frac{1}{2}\rho g r\left(H + \frac{r}{3}\right)。 \qquad (2-4-5)$$

从式(2-4-5)可以看出,只要测出毛细管的内半径 r 和毛细管中水柱高度 H,就可以测定水的表面张力系数 α。

【实验步骤与方法】

1. 将浸在洗涤液中的毛细管用纯净水冲洗,再将附有针尖的玻璃棒用纯净水冲洗,然后将两者夹在一起,插入盛水的烧杯使毛细管壁充分浸润,调节支架使针尖正好处在水面上(可从水面下方仔细观察针尖及水面所成的针尖像,此时两者刚好相接触)。

2. 在毛细管前方 0.5~1 m 远处安置测高仪,使其望远镜中水平叉丝处于水平方向。通过望远镜观察毛细管及针尖,使两者都能在望远镜的视野中。上下移动望远镜使其水平叉丝刚好和毛细管中凹面的最低点相切,从测高仪上的游标读出望远镜的位置 a。

3. 轻轻移开烧杯(不要碰到毛细管),向下平移望远镜,使水平叉丝和针尖刚好相接,从测高仪上的游标记下望远镜的位置为 b,则 $H = |a-b|$。

4. 重复步骤 2、3 测 4 次。

5. 用显微镜测毛细管半径 r。将毛细管从水中取出,甩掉管中的水珠,用夹子固定在水平位置上。调整显微镜,使两者轴线一致。调节显微镜镜筒的位置,使叉丝与孔的圆周相切,从显微镜标尺读得一数据 e,再移动叉丝到另一边与孔的圆周相切,得一数据 f,则毛细管的内径 $d = |e-f|$。将毛细管绕其轴线转 90°,重复测 d 一次,然后将毛细管另一端管口对准镜筒,重复上述测量。

6. 测量水的温度 t(单位为℃)。

7. 将测量所得的数据代入式(2-4-5),求得水的表面张力系数 α,并与水的表面张力系数公认值 $\alpha=(75.6-0.14t)\times10^{-3}(N/m)$ 相比较,求其百分误差。

【实验数据记录与处理】

1. 测量毛细管中水柱高度

表 2-4-1　毛细管中水柱高度 H 数据记录表

实验次数	a/cm	b/cm	$H=|a-b|$/cm	平均值 H/cm
1				
2				
3				
4				

2. 测量毛细管的内半径

表 2-4-2　毛细管的内半径 r 数据记录表

实验次数	e/mm	f/mm	$d=|e-f|$/mm	r/mm	平均值 r/mm
1					
2					
3					
4					

3. 计算 α 的值

$\alpha=\dfrac{1}{2}\rho gr\left(H+\dfrac{r}{3}\right)=$ _____ N/m,其百分误差为 _____ 。

【注意事项】

1. 实验时要特别注意清洁,不能用手接触水、毛细管的下半部和烧杯的内侧。每次实验后要将毛细管浸在洗涤液中,实验前用蒸馏水充分冲洗,烧杯也要用酒精擦洗后再用纯净水冲洗好。

2. 在步骤 3 中,在测量完毛细管中凹面位置之后移开烧杯时,要注意不能碰到毛细管及针尖。

【思考】

1. 能否用毛细管法测量水银的表面张力系数?

2. 为什么本实验特别强调清洁?

实验 2.5 刚体转动惯量的测定

所谓刚体,是指在外力作用下,其形状和大小不改变的物体,它是一种理想模型。我们知道,物体的质量是物体在平动时惯性大小的量度,同样,在刚体转动时,也存在惯性,其转动惯性大小的量度为转动惯量。转动惯量与刚体质量的大小、转轴的位置以及刚体质量对于转轴的分布等因素有关。对于形状简单的刚体,可以通过数学方法计算出它绕特定转轴的转动惯量,但对于形状复杂的刚体,用数学方法计算其转动惯量就非常困难,有时甚至不可能,所以常用实验方法测定。因此,学会测定刚体转动惯量的方法,具有实用意义。

刚体转动惯量的测定有不同的方法,一般是使刚体以一定的形式运动,观察、研究表征这种运动特性的物理量与转动惯量的关系,通过计算,间接得出刚体转动惯量的大小。

Ⅰ. 三线扭摆法测刚体的转动惯量

本实验依据三线扭摆的能量转化规律和振动规律,测量相关物理量,通过计算,间接测出刚体的转动惯量,并验证刚体转动的平行轴原理。

【实验目的】

1. 了解物体转动惯量的概念;
2. 学会用三线扭摆法测定物体的转动惯量;
3. 验证转动惯量的平行轴定理。

【实验仪器】

三线扭摆,物理天平,水准器,秒表,游标卡尺,米尺,待测圆环,待测圆柱体。

【实验原理】

1. 测悬盘绕中心轴转动时的转动惯量 I_0

三线摆实验装置的主要结构如图 2-5-1 所示。当轻轻转动水平放置的上圆盘时,由于对称放置的三根悬线的张力作用,下悬盘即以上下盘的中心连线 O_1O_2 为轴(中心轴)做周期性的扭转。三根悬线的长度均为 l,与悬盘的三个接点成等边三角形,这个三角形的外接圆与悬盘有共同的圆心,如图 2-5-2 所示。

外接圆半径为 R,R 小于悬盘的半径 R_0。若悬线接点之间的距离为 a,由几何关系可知 $R=\sqrt{3}a/3$。同理,上圆盘 $r=\sqrt{3}b/3$,其中 b,r 分别为上圆盘悬线接点间的距离以及接点外接圆半径。

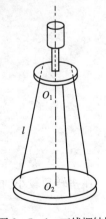

图 2-5-1 三线摆结构

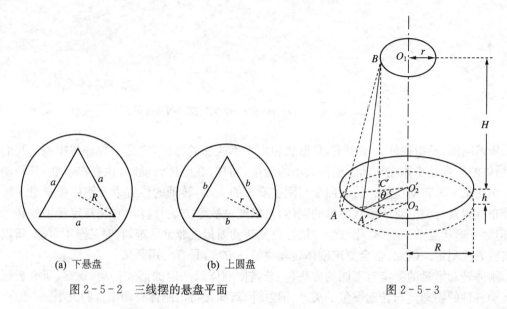

(a) 下悬盘　　　　　　　(b) 上圆盘

图 2 - 5 - 2　三线摆的悬盘平面　　　　　　　图 2 - 5 - 3

根据图 2 - 5 - 3,设下悬盘的质量为 m_0,当它绕 O_1O_2 做小角度扭动 θ 时,圆盘的位置升高 h,它的势能增加为 E_P,则

$$E_P = m_0 gh, \qquad (2-5-1)$$

式中,g 为重力加速度。这时圆盘的角速度为 $\dfrac{\mathrm{d}\theta}{\mathrm{d}t}$,它具有的动能为

$$E_k = \frac{1}{2} I_0 \left(\frac{\mathrm{d}\theta}{\mathrm{d}t}\right)^2 。 \qquad (2-5-2)$$

I_0 为圆盘对 O_1O_2 轴的转动惯量,如果不考虑摩擦力,根据机械能守恒定律,圆盘的势能与动能之和应等于一常量,即

$$\frac{1}{2} I_0 \left(\frac{\mathrm{d}\theta}{\mathrm{d}t}\right)^2 + m_0 gh = 常量。 \qquad (2-5-3)$$

设悬线长为 l,上圆盘悬线距圆心为 r,下悬盘悬线距圆心为 R,当下悬盘转过一角度 θ 时,从上圆盘 B 点作到下悬盘的垂线,与升高 h 前、后的下悬盘分别交于 C 和 C',则

$$h = BC - BC' = \frac{BC^2 - BC'^2}{BC + BC'} 。 \qquad (2-5-4)$$

因为

$$\begin{cases} BC^2 = AB^2 - AC^2 = l^2 - (R-r)^2, \\ BC'^2 = A'B^2 - A'C'^2 = l^2 - (R^2 + r^2 - 2Rr\cos\theta), \end{cases}$$

所以

$$h = \frac{2Rr(1-\cos\theta)}{BC + BC'} = \frac{4Rr\sin^2\dfrac{\theta}{2}}{BC + BC'} 。 \qquad (2-5-5)$$

在扭转角较小时,$\sin\dfrac{\theta}{2}$ 近似等于 $\dfrac{\theta}{2}$,而 $(BC + BC')$ 可近似为两盘间距离 H 的 2 倍,则

$$h = \frac{Rr\theta^2}{2H} 。 \qquad (2-5-6)$$

将式(2-5-6)代入式(2-5-3),并对 t 微分,可得

$$I_0\frac{\mathrm{d}\theta}{\mathrm{d}t}\frac{\mathrm{d}^2\theta}{\mathrm{d}t^2}+m_0g\frac{Rr}{H}\theta\frac{\mathrm{d}\theta}{\mathrm{d}t}=0。$$

进一步推得

$$\frac{\mathrm{d}^2\theta}{\mathrm{d}t^2}=-\frac{m_0gRr}{I_0H}\theta。 \tag{2-5-7}$$

这是一简谐振动方程,该振动方程的角频率 ω 的平方等于

$$\omega^2=\frac{m_0gRr}{I_0H}, \tag{2-5-8}$$

而振动周期 T_0 等于 $\frac{2\pi}{\omega}$,所以

$$T_0^2=\frac{4\pi^2I_0H}{m_0gRr}, \tag{2-5-9}$$

由此得出

$$I_0=\frac{m_0gRr}{4\pi^2H}T_0^2。 \tag{2-5-10}$$

通过实验,测出 m_0、R、r、H 及 T_0,就可从上式求出圆盘的转动惯量 I_0。

2. 测圆环绕中心轴转动的转动惯量 I_1

把质量为 m_1 的圆环放在悬盘上,使圆环和悬盘圆心重合,组成一个系统。测得它们绕 O_1O_2 轴转动的周期为 T_1,根据式(2-5-10)相同的推导过程得这个系统的转动惯量

$$I=\frac{(m_0+m_1)gRr}{4\pi^2H}T_1^2, \tag{2-5-11}$$

则圆环绕 O_1O_2 中心轴的转动惯量为

$$I_1=I-I_0。 \tag{2-5-12}$$

3. 验证平行轴定理

设某刚体的质心通过轴线 O_1O_2,刚体绕这个轴线的转动惯量为 I_C,如果将此刚体与其质心在转动平面内平移距离 d,移后刚体对 O_1O_2 轴的转动惯量为

$$I'_C=I_C+Md^2。 \tag{2-5-13}$$

式中,M 为刚体的质量,d 为刚体平移前后两平行的转轴之间的距离,这个关系称为转动惯量的平行轴定理。

取下圆环,将两个质量都为 m_2 的形状完全相同的圆柱体对称地放置在悬盘上,圆柱体中心离 O_1O_2 轴线的距离为 x。测出两圆柱体与悬盘这个系统绕 O_1O_2 轴转动周期 T_2。则每个圆柱体绕 O_1O_2 轴的转动惯量为

$$I_2=\left[\frac{(m_0+2m_2)gRr}{4\pi^2H}T_2^2-I_0\right]\Big/2。 \tag{2-5-14}$$

将式(2-5-14)所得的结果与式(2-5-13)计算出的理论值比较,即可验证平行轴定理。

【实验步骤与方法】

1. 将水准器置于悬盘上任意两悬线之间,调整上圆盘边上的 3 个调整旋钮,改变 3 条悬线的长度,直至悬盘水平,并用固定螺钉将 3 个调整旋钮固定。

2. 轻轻扭动上圆盘(最大转角控制在 5°左右),使下悬盘摆动,用秒表测出悬盘摆动 50 次所需的时间,重复 3 次求平均值,将数据记入表 2-5-1 中,从而求出下悬盘的摆动周期 T。

3. 把待测圆环置于下悬盘上,使两者中心轴线重合,按上述方法测出圆环与下悬盘的共同振动周期 T_1,将数据记入表 2-5-1 中。

4. 取下圆环,把质量和形状都相同的两个圆柱体对称地置于下悬盘上,再按上述方法测出振动周期 T_2,将数据记入表 2-5-2 中。

5. 分别量出上圆盘和下悬盘三悬点之间的距离 b 和 a,各取其平均值,算出悬点到中心的距离 r 和 R(r 和 R 分别为以 b 和 a 为边长的等边三角形外接圆的半径),将数据记入表 2-5-2 中。

6. 用游标卡尺测出圆环的内直径和外直径 $2R_1$、$2R_2$,圆柱直径 $2R_3$,将数据记入表 2-5-2 中。

7. 用米尺测出两盘之间的垂直距离 H,以及圆柱体中心轴至下悬盘中心轴的距离 d,将数据记入表 2-5-2 中。

8. 称出圆环、圆柱体的质量 m_1、m_2(下悬盘的质量 m_0 已标明在下悬盘的底面上)。

【实验数据记录与处理】

1. 数据记录

表 2-5-1　摆动周期数据记录表

摆动 50 次所需时间 t/s	悬　盘		悬盘加圆环		悬盘加两圆柱体	
	1		1		1	
	2		2		2	
	3		3		3	
	平均		平均		平均	
周　期	$T=$	s	$T_1=$	s	$T_2=$	s

表 2-5-2　长度数据记录表

次数 \ 项目	上圆盘悬孔间距离 $b/(\times10^{-2}$ m)	下悬盘悬孔间距离 $a/(\times10^{-2}$ m)	待测圆环		圆柱体直径 $2R_3/(\times10^{-2}$ m)
			外直径 $2R_2/(\times10^{-2}$ m)	内直径 $2R_1/(\times10^{-2}$ m)	
1					
2					
3					
平　均	$b=$	$a=$	$R_2=$	$R_1=$	$R_3=$

$r=\dfrac{\sqrt{3}}{3}b=$ _____ m,$R=\dfrac{\sqrt{3}}{3}a=$ _____ m;

两盘之间垂直距离 $H=$ _____ m;

圆柱体中心轴至悬盘中心轴的距离 $d=$ _____ m;

悬盘质量 $m_0=$ _____ kg;

圆环质量 $m_1=$ _____ kg;

圆柱体质量 $m_2=$ _____ kg。

2. 数据处理

（1）下悬盘转动惯量

通过实验数据计算下悬盘转动惯量 I_0，同时计算出下悬盘转动惯量的理论值 $I_{0理}$。

计算下悬盘转动惯量的相对误差：

$$E=\frac{|I_0-I_{0理}|}{I_{0理}}\times 100\%。$$

（2）圆环转动惯量

通过实验数据计算下悬盘和圆环的总转动惯量 I，计算圆环的转动惯量 I_1，同时计算出圆环转动惯量的理论值 $I_{1理}$。

计算圆环转动惯量的相对误差：

$$E=\frac{|I_1-I_{1理}|}{I_{1理}}\times 100\%。$$

（3）验证平行轴定理

通过实验数据计算圆柱绕 O_1O_2 轴的转动惯量 I_2，同时计算出圆柱体绕 O_1O_2 轴的转动惯量的理论值 $I_{2理}$。

计算圆柱体转动惯量的相对误差：

$$E=\frac{|I_2-I_{2理}|}{I_{2理}}\times 100\%。$$

若相对误差在允许范围内，即验证了平行轴定理。

【注意事项】

1. 在用秒表测量摆动周期时，应从最大扭角处开始计时，这样可以有效减小计时误差。
2. 三线摆开始摆动时，摆角可能偏大，可在摆角偏小后再开始计时。
3. 测量两盘悬孔间距离时要选择误差最小的方法。
4. 调整仪器摆线长度时，调整旋钮和固定螺钉要配合使用。
5. 在测量圆柱体转动惯量时，要确保两圆柱体相对于悬盘中心点对称放置。

【思考】

1. 用三线扭摆法测定物体的转动惯量时，为什么要求悬盘水平，且摆角要小？
2. 三线摆放上待测物后，它的转动周期是否一定比空盘转动周期大？为什么？
3. 测圆环的转动惯量时，把圆环放在悬盘的同心位置上。若放偏了，测出的结果是偏大还是偏小？为什么？
4. 如何利用三线扭摆法测定任意形状的物体绕特定轴转动的转动惯量？

Ⅱ. 恒力矩转动法测刚体转动惯量

本实验采用扭摆法测量物体的转动惯量，利用蜗簧扭摆使物体作扭转摆动，通过对摆动周期及其他参数的测定计算出物体的转动惯量。

【实验目的】

1. 了解 TH-Ⅰ型智能转动惯量实验仪的组成;熟悉扭摆的构造和调整使用方法。

2. 掌握扭摆以测量转动惯量的基本原理,测定扭摆的扭转常数和不同形状物体的转动惯量。

【实验仪器】

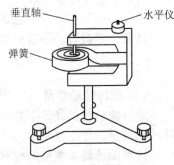

1. 扭摆

扭摆构造如图 2-5-4 所示,垂直轴上装有一根螺旋弹簧,用以产生恢复力矩。待测物体装在轴上作扭转摆动。垂直轴与支座间装有轴承,以降低摩擦力矩。水平仪和底座上的三个螺钉用来调整系统水平。

图 2-5-4　扭摆的基本构造

2. 转动惯量测试仪

(1) 组成与功能

转动惯量测试仪,面板如图 2-5-5 所示,由主机和光电传感器两部分组成,用于测量物体转动或摆动的周期以及旋转体的转速。光电传感器主要由红外发射管和红外接收管组成,将光信号转换为脉冲电信号,送入主机工作。可用遮光物体往返遮挡光电探头发射光束通路,检查计时器是否开始计数和到达预定周期数时是否停止计数。为了确保计时的准确,光电探头不能放置在强光下。

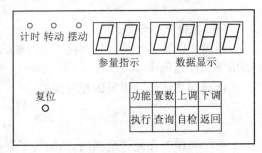

图 2-5-5　转动惯量测试仪面板示意图

(2) 仪器使用方法

① 调节光电传感器在固定支架上的高度,使被测物体上的挡光杆能自由往返地通过光电门。

② 开启主机电源,"摆动"指示灯亮,参量指示"P_1(第一次测量)",数据显示为"————"。

③ 默认设定扭摆的周期数为 10,如要更改,按"置数"键,显示"$n=10$",按"上调"键,周期数依次加 1,按"下调"键,周期数依次减 1,周期数只能在 1~20 范围内任意设定,再按"置数"键确认,显示"F_1 end"。

④ 按"执行"键,数据显示为"000.0"。此时,当被测的往复摆动物体上的挡光杆第一次通过光电门时,仪器即开始连续计时,直至仪器所设定的周期数时,便自动停止计时,由"数据显示"给出累计的时间,同时仪器自行计算周期 C_1 予以存贮,以供查询和作多次测量求平均值。至此,P_1 测量完毕。

⑤ 按"执行"键,"P_1"变为"P_2",数据显示又回到"000.0",仪器处在第二次待测状态,重复测量的最多次数为 5 次,即 P_1、P_2、……、P_5。通过"查询"键可知各次测量的周期值 C_i($i=1$、2、……、5) 以及它们的平均值 C_A。

3. 长度和质量测量工具

游标卡尺;米尺;天平。

4. 待测物体

(1) 金属载物盘。(2) 空心金属圆柱体。(3) 实心塑料圆柱体。(4) 木球及支架。(5) 金属细杆、两个滑块及支架,用于验证转动惯量的平行轴定理。金属细杆上刻有凹槽,凹槽间距为 5.00 cm,金属滑块可以在细杆上滑动并固定于凹槽上。

【实验原理】

1. 基本原理

安装在扭摆垂直轴上的物体,在水平面内转过一角度 θ 后释放,在弹簧恢复力矩作用下,物体就开始绕垂直轴作往返扭转运动。根据虎克定律,弹簧受扭转而产生的恢复力矩 M 与所转过的角度 θ 成正比,即

$$M = -k\theta \qquad (2-5-15)$$

式中,k 为弹簧的扭转常数。根据转动定律有

$$M = I\beta \qquad (2-5-16)$$

式中,I 为物体绕转轴的转动惯量,β 为角加速度。由式(2-5-16)得

$$\beta = \frac{M}{I} \qquad (2-5-17)$$

令 $\omega^2 = \dfrac{k}{I}$,且忽略轴承的摩擦阻力矩,由式(2-5-15)和式(2-5-17)得

$$\beta = \frac{\mathrm{d}^2\theta}{\mathrm{d}t^2} = -\frac{k}{I}\theta = -\omega^2\theta \qquad (2-5-18)$$

方程(2-5-18)表示扭摆运动具有角简谐振动的特性,角加速度与角位移成正比,且方向相反,方程(2-5-18)的解为

$$\theta = A\cos(\omega t + \phi) \qquad (2-5-19)$$

式中,A 为谐振动的角振幅,ϕ 为初相位角,ω 为角速度。此谐振动的周期为

$$T = \frac{2\pi}{\omega} = 2\pi\sqrt{\frac{I}{k}} \qquad (2-5-20)$$

由式(2-5-20)可知,实验测得物体扭摆的摆动周期 T,并在转动惯量 I 和扭转常数 k 两个量中任何一个量已知时即可计算出另一个量。

2. "对称法"验证平行轴定理

理论分析证明,若质量为 m 的物体绕通过质心轴的转动惯量为 I_c 时,当转轴平行移动距离 x 时,则此物体对新轴的转动惯量变为 I_x,根据转动惯量的平行轴定理有

$$I_x = I_c + mx^2 \qquad (2-5-21)$$

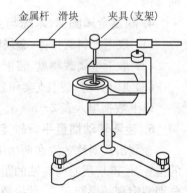

图 2-5-6　验证平行轴定理实验装置

根据式(2-5-21)可知,I_x 与 x_2 呈线性关系。实验中改变不同的 x 值测量出相应的 I_x 值,在直角坐标纸上作 $I_x \sim x_2$ 图,如果为直线,则证明平行轴定理是正确的。

为了验证金属滑块转动惯量的平行轴定理,实验中以金属细杆和夹具(支架)为辅助物体,实验装置如图 2-5-6 所示,支架和金属杆的转动惯量 I',金属滑块通过质心轴的转动惯量为 I_c,滑块质心与转轴的距离为 x。为了减小随 x 的增大摩擦力矩增大而产生的线性系统误差,采用对称测量法,使用两个同样的金属滑块对称放置。这时总转动惯量 I_x 为

$$I_x = I' + 2I_c + 2mx^2 \tag{2-5-22}$$

如果测出的摆轴周期为 T_x，由式(2-5-20)有

$$I_x = \frac{T_x^2 k}{4\pi^2} \tag{2-5-23}$$

由式(2-5-22)和式(2-5-23)可得

$$I_x = \frac{T_x^2 k}{4\pi^2} = I' + 2I_c + 2mx^2 \tag{2-5-24}$$

对称地改变滑块位置，测出不同 x 值对应的 T_x 值，作 $T_x^2 \sim x_2$ 图，若为直线，则验证了平行轴定理。

3. 光电转换测量周期

光电门(光电传感器)由红外发射管和红外接受管构成，将光信号转换为脉冲电信号，送入电脑计数器测量周期(计数测量时间)。为了精确测量周期，实验中可采用累加放大法测量。

【实验步骤与方法】

1. 仪器调整与使用

(1) 熟悉扭摆的构造和使用方法。

(2) 调整仪器水平。调节调整扭摆基座底脚螺钉，使水准泡中气泡居中。

(3) 掌握转动惯量测试仪的使用方法。

2. 测量物体外形尺寸和质量

选用游标卡尺或米尺分别测出塑料圆柱体的外径、金属圆筒的内外径、木球直径、金属细长杆长度、金属滑块的内外径和长度，用电子天平测出相应的质量，各测量 5 次以上。

3. 测定扭摆的扭转常数(仪器定标)

(1) 金属载物盘装在扭摆垂直轴上并固定好，调整光电探头的位置使载物盘上挡光杆处于其缺口中央且能遮住发射、接收红外光线的小孔，测定摆动周期 T_0。

(2) 标准物体塑料圆柱体(转动惯量理论值可计算出)垂直放在载物盘上，测定摆动周期 T_1。

4. 测定金属圆筒、木球与金属细杆的转动惯量

(1) 取下塑料圆柱体，金属圆筒垂直放在载物盘上，测定摆动周期 T_2。

(2) 取下金属载物盘、装上支架和木球，测定摆动周期 T_3。

(3) 取下木球，装上支架和金属细杆，金属细杆的中心位于转轴处并固定，测定摆动周期 T_4。

以上数据填入表 2-5-3。

5. 验证转动惯量平行轴定理

金属滑块对称放置在两边细杆的凹槽内，如图 2-5-6 所示。改变滑块在金属细长杆上的位置，使滑块质心与转轴的距离 x 分别为 5.00 cm、10.00 cm、15.00 cm、20.00 cm、25.00 cm，分别测定摆动周期 T_x。数据填入表 2-5-4。

【实验数据记录与处理 】

1. 转动惯量参考值

(1) 金属细杆支架(夹具)转动惯量实验参考值：$I = 0.321 \times 10^{-4}$ kg·m²。

（2）球支架转动惯量实验参考值：$I=0.187\times10^{-4}$ kg·m^2。

（3）两个滑块通过滑块质心转轴的转动惯量理论值参考值：0.809×10^{-4} kg·m^2，实验值参考值为 0.753×10^{-4} kg·m^2。

2. 根据理论公式计算塑料圆柱体的转动惯量，由式 $I_0=I_1\dfrac{T_0^2}{T_1^2-T_0^2}$ 和式 $k=4\pi^2\dfrac{I_1}{T_1^2-T_0^2}$ 求出仪器弹簧的扭转常数和金属载物盘的转动惯量，估算相应的不确定度，表示实验结果。

3. 计算出金属圆筒、木球与金属细杆转动惯量的实验值（计算时应扣除支架的转动惯量）和理论值，用百分数表示相对误差，并对误差进行比较分析。

表 2 - 5 - 3

物体名称	质量(kg)	几何尺寸(m)	周期(s)	I 的理论值(kg·m^2)	I 的实验值(kg·m^2)
载物盘					
圆柱				$I_1=\dfrac{1}{8}mD^2$	
圆筒				$I_2=\dfrac{1}{8}m(D_{外}^2+D_{内}^2)$	
球				$I_3=\dfrac{1}{10}mD^2$	
金属细杆				$I_4=\dfrac{1}{12}mL^2$	

4. 根据验证平行轴定理实验数据，作出 $T_x^2\sim x_2$ 图线，分析图线特点，给出验证结论。

表 2 - 5 - 4

x(cm)	5.00	10.00	15.00	20.00	25.00
摆动周期 T(s)					
实验值(kg·m^2)					
理论值(kg·m^2)					
百分差					

【注意事项】

1. 扭摆的基座应保持水平状态。光电探头宜放置在挡光杆的平衡位置处，不要与挡光杆相接触。

2. 支架必须全部套入扭摆主轴，并将制动螺丝旋紧。

3. 摆动角度应始终保持在 90° 左右。

【思考】

1. 扭摆法测量转动惯量的基本原理是什么？实验中是怎样实现的？

2. 实验中为什么要测量扭转常数？采用了什么方法？

3. 物体的转动惯量与哪些因素有关？

4. 验证平行轴定理实验中，金属细杆的作用是什么？

实验 2.6 固体导热系数的测定

导热系数是表征物质热传导性质的物理量。金属材料的导热系数最大,液体的导热系数次之,气体的导热系数最小。非金属材料的导热系数范围较宽,数值高者与液体接近,数值低者与空气的导热系数有相同的数量级。同种材料在不同的状态下的导热系数也有差异。有些材料如一些建筑材料和绝缘材料,它们的导热系数往往与材料的物质结构、密度、成分、温度和湿度等因素有关,因此,材料的导热系数常常需要通过实验来测定。本实验采用稳态法来测量不良导体和金属等材料的导热系数。所谓稳态法,即先用热源对测试样品进行加热,并在样品内部形成稳定的温度分布,然后进行测量。

【实验目的】

1. 掌握用稳态法测量固体物体导热系数的实验原理;
2. 掌握用稳态法测量固体物体导热系数的方法;
3. 学会测量不良导热体(橡皮样品)和金属(硬铝样品)的导热系数。

【实验仪器】

FD-TC-Ⅱ型导热系数测定仪,杜瓦瓶,数字电压表,热电偶,游标卡尺,时钟,橡皮样品,金属圆筒等。

【实验原理】

当物体间直接接触时,如果有温差存在,会有热量从高温物体传向低温物体,这种现象叫做热传导。热传导是热量传递的方式之一,不论固体、液体还是气体,都能以热传导的方式传递热量。1882 年法国数学家、物理学家约瑟夫·傅里叶对热传导现象做了深入研究,给出了一个热传导的基本公式,即傅里叶导热方程。根据该方程,在物体内部,取两个垂直于热传导方向、彼此间的距离为 h、温度分别为 T_1 和 T_2 的平行平面(设 $T_1 > T_2$),若平面的面积均为 S,在 Δt 时间内通过面积 S 的热量 ΔQ 满足下述表达式

$$\frac{\Delta Q}{\Delta t} = \lambda S \frac{T_1 - T_2}{h}, \qquad (2-6-1)$$

式中 $\Delta Q/\Delta t$ 为热流量,λ 即为该物质的热导率(又称为导热系数)。λ 在数值上等于相距单位长度的两平面的温度相差 1 K 时,单位时间内通过单位面积的热量,其单位是 W/(m·K)。

对于热电偶而言,其产生的温差电势与热电偶两端的温差成正比,这样可用数字电压表测出圆盘形样品上、下两平面的电势 θ_1、θ_2,并用它们表征圆盘形样品上、下两平面的温度值 T_1、T_2。

本实验仪器如图 2-6-1 所示。

在支架 D 上先放置散热盘 P,在散热盘 P 的上面放上待测样品 B(圆盘形的不良导体),再把带发热器的圆铜盘 A 放在 B 上,发热器通电后,热量从 A 盘传到 B 盘,再传到 P 盘,由于 A、P 盘都是良导体,其温度可以代表 B 盘上、下表面的温度 T_1、T_2,而与温度相对应的电势 θ_1、θ_2 分别由插入 A、P 盘边缘小孔的热电偶 F 来测量。当传热达到稳态时,样品上、下表

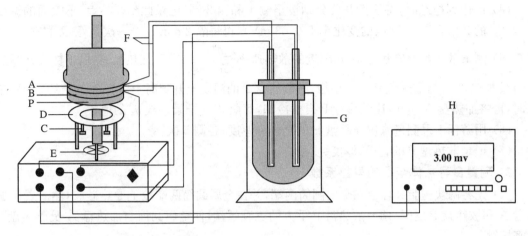

A—带电热板的发热盘;B—样品;C—螺旋头;D—样品支架;E—风扇;F—热电偶;
G—杜瓦瓶;H—数字电压表;P—散热盘

图 2-6-1 测固体导热系数的实验装置示意图

面的温度将保持不变,这时可以认为发热盘通过样品上平面传入的热量与由散热盘向周围环境散热的速率相等。由式(2-6-1)可知,单位时间内通过待测样品 B 任一圆截面的热流量为

$$\frac{\Delta Q}{\Delta t} = \lambda \pi R^2 k \frac{\theta_1 - \theta_2}{h}, \tag{2-6-2}$$

式中 R 为样品的半径,h 为样品的厚度,k 为温度与温度电势的比例系数。铜盘 P 在稳定温度电势 θ_2 时的散热速率为

$$mck \left. \frac{\Delta \theta}{\Delta t} \right|_{\theta=\theta_2} = \frac{\Delta Q}{\Delta t}, \tag{2-6-3}$$

式中,m 为铜盘 P 的质量,c 为铜材的比热容,$\left. \dfrac{\Delta \theta}{\Delta t} \right|_{\theta=\theta_2}$ 为散热盘 P 的温度电势 θ 等于 θ_2 时的冷却速率。由式(2-6-2)和式(2-6-3)得

$$\lambda = mc \left. \frac{\Delta \theta}{\Delta t} \right|_{\theta=\theta_2} \times \frac{h}{\theta_1 - \theta_2} \times \frac{1}{\pi R^2}。 \tag{2-6-4}$$

所以只要测出样品盘的厚度、半径和温度电势的变化,就可求出样品的导热系数。

【实验步骤与方法】

1. 测量不良导热体(橡皮样品)的导热系数

(1) 把橡皮样品盘 B 放入加热盘 A 和散热盘 P 之间,调节散热盘 P 下方的三颗螺丝,使得橡皮样品盘 B 与加热盘 A 和散热盘 P 紧密接触,必要时涂上导热硅胶以保证接触良好。

(2) 在杜瓦瓶中放入冰水混合物,将两热电偶的冷端插入杜瓦瓶中,热端分别插入加热盘 A 和散热盘 P 侧面的小孔中,并分别将两热电偶的两插头插在表盘的测 1 和测 2 上。

(3) 插好加热板的电源插头,再将导线的一端与数字电压表相连,另一端插在表盘的中间位置。接通电源,调节数字电压表的调零旋钮,将加热开关置于 220 V 挡;当电压表显示的电势 θ_1 约为 4.00 mV 时,再将加热开关置于 110 V 挡;待 θ_1 降至 3.50 mV 时,通过手动控制电热板的电压挡位。

（4）待达到稳态时，将切换开关分别拨至测 1 和测 2 端，记录此刻样品上、下表面的温度（θ_1 与 θ_2 的数值在 10 min 内的变化小于 0.03 mV），再每隔 2 min 记录一次 θ_1 和 θ_2 的值。

（5）测量散热盘 P 在稳态值 θ_2 附近的散热速率 $\dfrac{\Delta\theta}{\Delta t}\Big|_{\theta=\theta_2}$：移开加热盘 A，取下橡皮样品盘 B，并使加热盘 A 与散热盘 P 直接接触，当散热盘 P 的温度上升到高于稳态 θ_2 的值约 1 mV 左右时，再将加热盘 A 移开，让散热盘 P 自然冷却，每隔 30 s 记录一次 θ_2 的值。

（6）用游标卡尺测量橡皮样品盘 B 的直径和厚度，各测 5 次。

（7）记录散热盘 P 的直径、厚度、质量。

2. 测量良导热体金属的导热系数

（1）先将两块树脂圆环套在金属圆筒两端，并在金属圆筒两端涂上导热硅胶，然后置于加热盘 A 和散热盘 P 之间，调节散热盘 P 下方的三颗螺丝，使金属圆筒与加热盘 A 及散热盘 P 紧密接触。

（2）在杜瓦瓶中放入冰水混合物，将热电偶的冷端插入杜瓦瓶中，热端分别插入金属圆筒侧面上、下的小孔中，并分别将两热电偶的两插头插在表盘的测 1 和测 2 上。

（3）接通电源，将加热开关置于 220 V 挡，当电压表显示的电势 θ_1 约为 3.5 mV 时，再将加热开关置于 110 V 挡，通过手动控制电热板的电压挡位。

（4）待达到稳态时（θ_1 与 θ_2 的数值在 10 min 内的变化小于 0.03 mV），每隔 2 min 记录 θ_1 和 θ_2 的值，同时测出此时散热盘的温度 θ_3 值（只要把测 θ_1 或 θ_2 的热电偶移下来进行测量）。

（5）测量散热盘 P 在稳态值 θ_3 附近的散热速率 $\dfrac{\Delta\theta}{\Delta t}\Big|_{\theta=\theta_3}$：移开加热盘 A，先将两测温热端取下，再将 θ_2 的测温热端插入散热盘 P 的侧面小孔，取下金属圆筒，并使加热盘 A 与散热盘 P 直接接触，当散热盘 P 的温度上升到高于稳态 θ_3 的值约 1 mV 左右时，再将加热盘 A 移开，让散热盘 P 自然冷却，每隔 30 s 记录此时的 θ_3 值。由下式来计算金属的导热系数。

$$\lambda=mc\,\frac{\Delta\theta}{\Delta t}\Big|_{\theta=\theta_3}\times\frac{h}{\theta_1-\theta_2}\times\frac{1}{\pi R^2}。\tag{2-6-5}$$

（6）用游标卡尺测量金属圆筒的直径和厚度，各测量 5 次。

（7）记录散热盘 P 的直径、厚度和质量。

【实验数据记录与处理】

1. 记录橡皮样品的导热系数的测量数据。将测量得到的数据记录在表 2-6-1 至表 2-6-4 中。

表 2-6-1　散热盘 P 的直径、厚度和质量

测量数据	测 量 次 数					平均值
	1	2	3	4	5	
D_P/cm						
h_P/cm						
m/g						

表 2-6-2 橡皮样品的直径和厚度

测量数据	测 量 次 数					平均值
	1	2	3	4	5	
D/cm						
h/cm						

表 2-6-3 稳态时 θ_1、θ_2

θ	测 量 次 数					平均值
	1	2	3	4	5	
θ_1/mV						
θ_2/mV						

表 2-6-4 散热盘 P 自然冷却时 θ_2

时间/s	30	60	90	120	150	180	210	240
θ_2/mV								

散热速率 $\left.\dfrac{\Delta\theta}{\Delta t}\right|_{\theta=\theta_2}$ = _____ mV/s。

2. 记录金属圆筒导热系数的测量数据,表格自拟。

3. 根据实验结果计算出橡皮样品不良导热体和金属良导热体的导热系数。

【注意事项】

1. 在使用稳态法时,要使温度稳定约要 1 个小时左右,为缩短时间,可先将热板电源电压置于 220 V 快速加热挡,几分钟后 θ_1＝4.00 mV,即可将开关拨至 110 V 慢速加热挡,待 θ_1 降至 3.50 mV 左右时,通过手动调节电热板电压 220 V 挡、110 V 挡及 0 V 挡,使 θ_1 读数在 ±0.03 mV 范围内,同时每隔 2 min 记下样品上、下圆盘 A 和 P 的温度 θ_1 和 θ_2 的数值,待 θ_2 的数值在 10 分钟内不变即可认为已达到稳定状态。

2. 接地线必须接地。

3. 使用前将加热盘与散热盘面擦干净。样品两端面擦净后,可涂上少量硅油或牛油以保证接触良好。为了保证实验数据精度,热电偶的热端与冷端应涂些硅油或牛油。

4. 在实验过程中,如要移开电热板,请先关闭电源,移开热圆筒时,手应拿住固定轴转动,以免烫伤手。

5. 实验结束后,切断电源,保管好测量样品,不要使样品两端面划伤,以致影响实验的精度。

6. 数字电压表数字出现不稳定时先查热电偶各个环节的接触是否良好,并及时加以修理,再查电压表是否良好。

【思考】

1. 散热盘下方的轴流式风机起什么作用?若它不工作时实验能否进行?

2. 试问以散热盘 P 的散热速率作为材料的热导率测量的物理依据是什么?

3. 本实验中产生系统误差的主要原因来自哪些方面?试问可采取何种措施使之减小或消除?

实验 2.7　模拟法测绘静电场

模拟法本质上是用一种易于实现、便于测量的物理状态或过程来模拟另一种不易实现、不便测量的状态和过程的方法。这种方法要求这两种状态或过程有一一对应的物理量,且满足相似的数学形式及边界条件。静电场的描绘就是用稳恒电流场的等势线来模拟静电场的等势线。虽然稳恒电流场与静电场根本不是一回事,但是由电磁场理论可知,这两种场具有相同的数学方程式,这两种场的解相同,又由于稳恒电流场易于实验测量,所以就用稳恒电流场来模拟与其具有相同数学形式的静电场。

我们还要明确,模拟法是在实验和测量难以直接进行时,尤其是在理论难以计算时,采用的一种方法,它在工程设计中有着广泛的应用。

【实验目的】

1. 初步学会用模拟法测量和研究二维静电场;
2. 加深对电场强度和电势的理解。

【实验仪器】

JDC-Ⅳ型静电场描绘仪(包括描绘台、水槽、同步探针和专用电源),如图 2-7-1所示。

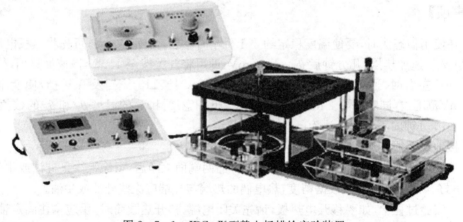

图 2-7-1　JDC-Ⅳ型静电场描绘实验装置

JDC-Ⅳ型静电场描绘仪电源提供可调 0～15 V 的交流电压,避免了直流电带来的电解现象,并可双重显示预设电压和探测电压。

【实验原理】

稳恒电流场与静电场是两种不同性质的场,但是它们两者在一定条件下具有相似的空间分布,都遵守高斯定律。

我们可以用稳恒电流场来模拟静电场。不过,当采用稳恒电流场来模拟研究静电场时,还必须注意它的使用条件,即:

（1）模拟真空中的电场时，要求电流中的电介质应是均匀分布，即电介质中各处的电阻率必须相等。

（2）因产生静电场的带电表面是等势面，所以产生电流场的电极表面也应是等势面。因此要采用良导体做成电流场的电极，而用电阻率远大于电极电阻率的不良导体（如自来水或稀硫酸铜溶液等）充当电介质。

（3）在检测电流场的电势分布时，不能因仪器的引入而影响电流场的电流分布，即探测头所在的支路中必须无电流流过，必须采用电位差计或高内阻的电压表。

这样在模拟的条件下，在任何一个考查点，均应有 $U_{\text{静电}}=U_{\text{稳恒}}$ 或 $E_{\text{静电}}=E_{\text{稳恒}}$。

下面通过具体实验来讨论静电场与稳恒电流场的等效性。

1. 均匀带电长同轴圆柱面间的静电场分布

如图 2-7-2(a)所示，在真空中有一半径为 r_a 的长圆柱形导体 A 和一内半径为 r_b 的长圆筒形导体 B，它们同轴放置，分别带等量异号电荷。由高斯定理知，在垂直于轴线的任一截面 S 内，都有均匀分布的辐射状电场线，这是一个与坐标 Z 轴无关的二维场。在二维场中，电场强度 E 平行于 X-Y 平面，其等势面为一簇同轴圆柱面。因此只要研究 S 面上的电场分布即可。

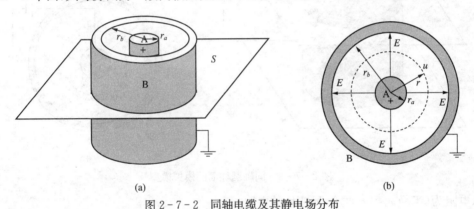

图 2-7-2　同轴电缆及其静电场分布

由静电场中的高斯定理可知，距轴线的距离为 r 处[见图 2-7-2(b)]的各点电场强度为

$$E=\frac{\lambda}{2\pi\varepsilon_0 r}, \tag{2-7-1}$$

式中 λ 为柱面每单位长度的电荷量。半径为 r 的任一点与外圆柱面间的电势差为

$$U_r = \int_r^{r_b} E\,\mathrm{d}r = \frac{\lambda}{2\pi\varepsilon_0}\ln\frac{r_b}{r}, \tag{2-7-2}$$

两柱面间电势差为

$$U_0 = \int_{r_a}^{r_b} E\,\mathrm{d}r = \frac{\lambda}{2\pi\varepsilon_0}\ln\frac{r_b}{r_a}, \tag{2-7-3}$$

代入式（2-7-2）得

$$U_r = U_0\frac{\ln(r_b/r)}{\ln(r_b/r_a)}. \tag{2-7-4}$$

$$E_r = -\frac{\mathrm{d}U_r}{\mathrm{d}r} = \frac{U_0}{r}(\ln r_b - \ln r_a)^{-1}. \tag{2-7-5}$$

2. 同轴圆柱面电极间的稳恒电流场分布

若上述圆柱形导体 A 与圆筒形导体 B 之间充满了电导率为 σ 的不良导体，A、B 与电源

正、负极相连接(见图 2 - 7 - 3)，A、B 间将形成径向电流，建立稳恒电流场 E'_r，可以证明不良导体中的电场强度 E'_r 与原真空中的静电场 E_r 是相等的。

取厚度为 t 的圆柱形同轴不良导体片为研究对象，设材料电阻率为 $\rho\left(\rho=\dfrac{1}{\sigma}\right)$，则任意半径 r 到 $r+dr$ 的圆周间的电阻为

$$dR=\rho\,\frac{dr}{S}=\rho\,\frac{dr}{2\pi rt}=\frac{\rho}{2\pi t}\,\frac{dr}{r}\,。\qquad(2-7-6)$$

则半径为 r 到 r_b 之间的圆柱片的电阻为

$$R_{r_b}=\frac{\rho}{2\pi t}\int_r^{r_b}\frac{dr}{r}=\frac{\rho}{2\pi t}\ln\frac{r_b}{r}\,。\qquad(2-7-7)$$

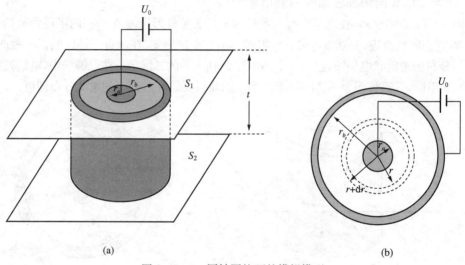

(a)　　　　　　　　　　　　　　　　(b)

图 2 - 7 - 3　同轴圆柱面的模拟模型

总电阻为(半径 r_a 到 r_b 之间圆柱片的电阻)

$$R_{r_a r_b}=\frac{\rho}{2\pi t}\int_{r_a}^{r_b}\frac{dr}{r}=\frac{\rho}{2\pi t}\ln\frac{r_b}{r_a}\,。\qquad(2-7-8)$$

因两圆柱面间所加电压为 U_0，则径向电流为

$$I=\frac{U_0}{R_{r_a r_b}}=\frac{2\pi\,tU_0}{\rho\ln(r_b/r_a)}\,。\qquad(2-7-9)$$

半径 r 处到外柱面的电势差为

$$U'_r=IR_{r_b}=U_0\,\frac{\ln(r_b/r)}{\ln(r_b/r_a)}\,。\qquad(2-7-10)$$

则 E'_r 为

$$E'_r=-\frac{dU'_r}{dr}=\frac{U_0}{r}(\ln r_b-\ln r_a)^{-1}\,。\qquad(2-7-11)$$

由以上分析可见，U_r 与 U'_r，E_r 与 E'_r 的分布函数完全相同。为什么这两种场的分布相同呢？我们可以从电荷产生场的观点加以分析。在导电介质中没有电流通过时，其中任一体积元(宏观小，微观大，其内仍包含大量原子)内正负电荷数量相等，没有净电荷，呈电中性。当有电流通过时，单位时间内流入和流出该体积元内的正或负电荷数量相等，净电荷为零，仍然呈电中性。因此，整个导电介质内有电流通过时也不存在净电荷。这就是说，真空中的静电场和

有稳恒电流通过时导电介质中的场都是由电极上的电荷产生的。事实上,真空中电极上的电荷是不移动的,在有电流通过的导电介质中,电极上的电荷一边流失,一边由电源补充,在动态平衡下保持电荷的数量不变。所以这两种情况下电场分布是相同的。

【实验步骤与方法】

1. 接线图(与 JDC-Ⅳ型静电场描绘仪电源配接)

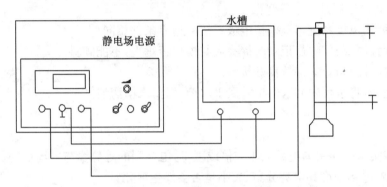

图 2-7-4　JDC-Ⅳ型静电场描绘仪电源连接图

2. 使用方法

(1)打开描绘架上层的黑色金属方框,放上描绘用的描绘纸(如绘图纸等),并将其合上。

(2)槽内注入干净的自来水至电极板高度或略高于电极板为宜,并置于描绘架下层居中。

(3)把挡位开关置于内测挡,调节静电场描绘仪输出电压为 12 V,使两电极间电势差为12.00 V。

(4)把挡位开关置于外测挡,移动探针座使探针在水中缓慢移动,快到等势点时按一下坐标纸上的探针,便在坐标纸上记下了其电势值与电压表的示值相等点的位置。

(5)测量电势差为 10 V、8 V、6 V、4 V、2 V 的五条等势线,每条等势线测的等势点不得少于 9 个。

【实验数据记录与处理】

1. 将等势点连成等势线。

2. 根据电场线与等势线垂直的特点,画出被模拟空间的电场线。

3. 测量出电场分布图中每条等势线的直径,按公式计算出每条等势线的电势值,然后与测量电势值比较,计算相对误差并填入表格。

$r_a =$ _____mm,$r_b =$ _____mm,$U_0 =$ _____V。(r_a、r_b 由实验室给出)

表 2-7-1　数据记录表

$U_{实验}/V$	10.00	8.00	6.00	4.00	2.00
等势线半径 r/mm					
$\ln(r_b/r)$					
$U_{理论}/V$					
$(|U_{实验} - U_{理论}|/U_{理论}) \times 100\%$					

【注意事项】

1. 模拟方法的使用有一定的条件和范围,不能随意推广,否则将会得到荒谬的结论。用稳恒电流场模拟静电场的条件可以归纳为下列三点:

(1) 稳恒电流场中的电极形状应与被模拟的静电场中的带电体几何形状相同。

(2) 稳恒电流场中的导电介质是不良导体且电导率分布均匀,才能保证电流场中的电极(良导体)的表面也近似是一个等势面。

(3) 模拟所用电极系统与被模拟电极系统的边界条件相同。

2. 移动探针时要轻要慢,记录时探头应与模拟板垂直,不能倾斜。

3. 电极、探针应与导线保持良好接触。

4. 实验完毕,将水槽内的水倒出并风干水槽,保持水槽清洁。

【思考】

1. 如果将实验中使用的电源电压加倍或减半,电极间的等势线与电场线的位置和形状是否会发生变化? 电场强度和电势分布、大小是否会发生变化?

2. 用检流计能测等势点吗?

【附加内容】

描绘阴极射线示波管内聚焦电极间的聚焦电场

利用电流模拟法可以描绘出多种电极之间的电场线,例如可以描绘平行板电极的等势面和电场线等。利用图 2-7-5 所示的模拟模型可以描绘阴极射线示波管内聚焦电极间的聚焦电场分布。要求测出 7~9 条等势线,相邻等势线间的电势差为 1 V。该场为非均匀电场,等势线是一簇互不相交的曲线,每条等势线的测量点应取得密一些。画出电场线,可了解静电透镜聚焦场的分布特点和作用,加深对阴极射线示波管电聚焦原理的理解。

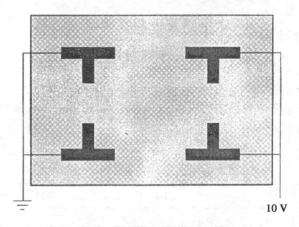

10 V

图 2-7-5 静电透镜聚焦场的模拟模型

实验 2.8　示波器的使用

示波器是一种用途广泛的电子测量仪器,它可以直接观察电压信号波形,测量电压信号的幅度、周期(频率)等参数。用双踪示波器还可以测量两个电压信号之间的时间差或相位差。配合各种传感器,它可以用来观测非电学量(如压力、温度、磁感应强度、光强等)随时间的变化过程。

【实验目的】

1. 了解示波器的基本结构和工作原理;
2. 学会用示波器观察测量正弦波、方波、三角波信号的振幅和频率;
3. 学会用示波器测量电压、周期和频率。

【实验仪器】

1. XJ4318 型示波器

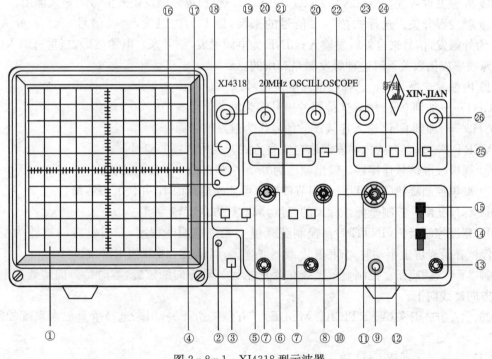

图 2 - 8 - 1　XJ4318 型示波器

各旋钮的用途及使用方法:

① 内刻度坐标线。它减小了光迹和刻度线之间的观察误差,测量上升时间和信号幅度的测量点位置在左边指出。

② 电源指示器。它是一个发光二极管,在仪器电源接通时发红光。

③ 电源开关(POWER)。它用于接通和关断仪器的电源,按入为接通,弹出为关断。

④ AC、GND、DC 开关。可使输入端成为交流耦合、接地、直流耦合。

⑤ 垂直幅度旋钮(V/DIV)。改变输入偏转因数 5 mV/D IV～5 V/D IV,按 1-2-5 进制共分 10 个挡级。

⑥ Y 轴灵敏度开关(PULL×5)。中间旋钮拉出为开启,改变 Y 轴放大器的发射极电阻,使偏转灵敏度提高 5 倍。

⑦ 输入端[CH1(2) OR X(Y)]。通道 1 或 2 的被测信号输入端,输入垂直被测信号。

⑧ 垂直微调旋钮。旋转中间旋钮为可变非校准微调,顺时针旋到底为校准位置(CAL)。

⑨ 仪器测量接地装置。

⑩ X 轴灵敏度开关(PULL×10)。中间旋钮拉出为开启,改变水平放大器的反馈电阻使水平放大器放大量提高 10 倍,相应地也使扫描速度及水平偏转灵敏度提高 10 倍。

⑪ 水平扫描时间旋钮(t/DIV)。该旋钮为扫描时间因数挡级开关,从 0.2 μs～0.2 s/DIV 按 1-2-5 进制,共十九挡,当开关顺时针旋足是 X—Y 或外 X 状态。

⑫ 水平扫描微调旋钮。旋转中间旋钮为非校准微调,用以调节连续可变的时基速率,顺时针旋足为标准位置(CAL)。

⑬ 外触发输入连接器(EXT TRIG INPUT)。供扫描外触发输入信号的输入端用。

⑭ 触发源开关。选择扫描触发信号的来源,INT 为内触发,触发信号来自 Y 放大器;EXT 为外触发,信号来自外触发输入;LINE 为电源触发,信号来自电源波形,当垂直输入信号和电源频率成倍数关系时这种触发源是有用的。

⑮ 内触发选择开关。选择扫描内触发信号源。

CH1——加到 CH1 输入连接器的信号作为触发信号源。

CH2——加到 CH2 输入连接器的信号作为触发信号源。

VERT——垂直方式内触发源取自垂直方式开关所选择的信号。

⑯ 探极校准信号连接器。输出幅度为 0.2 V、频率为 1 kHz 的方波。

⑰ 聚焦控制旋钮(FOCUS)。调节该旋钮可使光点圆而小,并使波形清晰。

⑱ 标尺亮度。控制坐标片标尺的亮度,顺时针方向旋转为增亮。

⑲ 亮度控制旋钮(INTEN)。控制荧光屏上光迹的明暗程度,顺时针方向旋转为增亮。光点停留在荧光屏上不动时,宜将亮度减弱或熄灭,以延长示波器使用寿命。

⑳ "Y 位移"旋钮。控制显示迹线在荧光屏上 Y 轴方向的位置,顺时针方向迹线向上,逆时针方向迹线向下。

㉑ 垂直方式开关(VERTICAL MODE)。五位按钮开关,用来选择垂直放大系统的工作方式。

CH1——显示通道 CH1 输入信号。

ALT——交替显示 CH1、CH2 输入信号,交替过程出现于扫描结束后回扫的一段时间里,该方式在扫描速度从 0.2 μs/DIV～0.5 ms/DIV 范围内同时观察两个输入信号。

CHOP——在扫描过程中,显示过程在 CH1 和 CH2 之间转换,转换频率约 500 kHz。该方式在扫描速度从 1 ms/D IV～0.2 s/D IV 范围内同时观察两个输入信号。

CH2——显示通道 CH2 输入信号。

ALL OUT ADD——使 CH1 信号与 CH2 信号相加(CH2 极性"+")或相减(CH2 极性

"一")。

㉒ CH2 极性选择按钮。控制 CH2 在荧光屏上显示波形的极性"＋"或"－"。

㉓ "X 位移"旋钮。控制光迹在荧光屏 X 方向的位置,在 X—Y 方式用作水平位移。顺时针方向光迹向右,逆时针方向光迹向左。

㉔ 触发方式选择开关(MODE)。五位按钮开关,用于选择扫描工作方式。

AUTO——扫描电路处于自激状态。

NORM——扫描电路处于触发状态。

TV - V——电路处于电视场同步。

TV - H——电路处于电视行同步。

㉕ 触发极性选择开关"＋"、"－"。供选择扫描触发极性,测量正脉冲前沿及负脉冲后沿宜用"＋",测量负脉冲前沿及正脉冲后沿宜用"－"。

㉖ 触发电平控制旋钮(LEVEL)。调节和确定扫描触发点在触发信号上的位置。电平电位器顺时针方向旋足为锁定(LOCK)位置,此时触发点将自动处于被测波形中心电平附近。

2. EE1625 型函数信号发生器

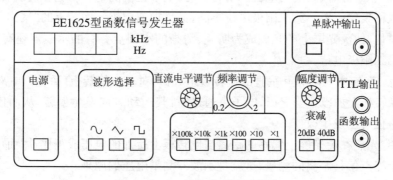

图 2 - 8 - 2　信号发生器面板图

【实验原理】

1. 示波器的结构及工作原理

示波器的主要部分有示波管、带衰减器的 Y 轴放大器、带衰减器的 X 轴放大器、扫描发生器(锯齿波发生器)、触发同步和电源等,其结构方框图如图 2 - 8 - 3 所示。为了适应各种测量的要求,示波器的电路组成是多样而复杂的,这里仅就主要部分加以介绍。

(1)示波管

示波管主要包括电子枪、偏转系统和荧光屏三部分,全都密封在玻璃外壳内,里面抽成高真空。下面分别说明各部分的作用。

① 荧光屏:它是示波器的显示部分,当加速聚焦后的电子打到荧光屏上时,屏上所涂的荧光物质就会发光,从而显示出电子束的位置。当电子停止作用后,荧光剂的发光需经一定时间才会停止,称为余辉效应。

② 电子枪:由灯丝 H、阴极 K、控制栅极 G、第一阳极 A$_1$、第二阳极 A$_2$ 五部分组成。灯丝通电后加热阴极。阴极是一个表面涂有氧化物的金属筒,被加热后发射电子。控制栅极是一

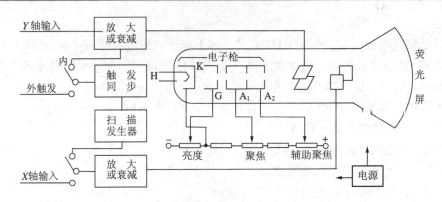

图 2-8-3 示波器的结构图

个顶端有小孔的圆筒,套在阴极外面。它的电位比阴极低,对阴极发射出来的电子起控制作用,只有初速度较大的电子才能穿过栅极顶端的小孔然后在阳极加速下奔向荧光屏。示波器面板上的"亮度"调整就是通过调节栅极电位以控制射向荧光屏的电子流密度,从而改变了屏上的光斑亮度。阳极电位比阴极电位高很多,电子被它们之间的电场加速形成射线。当控制栅极、第一阳极、第二阳极之间的电位调节合适时,电子枪内的电场对电子射线有聚焦作用,所以第一阳极也称聚焦阳极。第二阳极电位更高,又称加速阳极。面板上的"聚焦"调节,就是调节第一阳极电位,使荧光屏上的光斑成为明亮、清晰的小圆点。有的示波器还有"辅助聚焦",实际是调节第二阳极电位。

③ 偏转系统:它由两对相互垂直的偏转板组成,一对垂直偏转板(Y 轴),一对水平偏转板(X 轴)。在偏转板上加以适当电压,电子束通过时,其运动方向发生偏转,从而使电子束在荧光屏上的光斑位置也发生改变。

容易证明,光点在荧光屏上偏移的距离与偏转板上所加的电压成正比,因而可将电压的测量转化为屏上光点偏移距离的测量,这就是示波器测量电压的原理。

(2) 信号放大器和衰减器

示波管本身相当于一个多量程电压表,这一作用是靠信号放大器和衰减器实现的。由于示波管本身的 X 及 Y 轴偏转板的灵敏度不高(约 $0.1\sim1$ mm/V),当加在偏转板的信号过小时,要预先将小的信号电压加以放大后再加到偏转板上。为此设置 X 轴及 Y 轴电压放大器。衰减器的作用是使过大的输入信号电压变小以适应放大器的要求,否则放大器不能正常工作,使输入信号发生畸变,甚至使仪器受损。对一般示波器来说,X 轴和 Y 轴都设置有衰减器,以满足各种测量的需要。

(3) 扫描系统

扫描系统也称时基电路,用来产生一个随时间做线性变化的扫描电压,这种扫描电压随时间变化的关系如同锯齿,故称锯齿波电压,这个电压经 X 轴放大器放大后加到示波管的水平偏转板上,使电子束产生水平扫描。这样,屏上的水平坐标变成时间坐标,Y 轴输入的被测信号波形就可以在时间轴上展开。扫描系统是示波器显示被测电压波形必需的重要组成部分。

2. 示波器波形显示原理

如果只在竖直偏转板上加一交变的正弦电压,则电子束的亮点将随电压的变化在竖直方向来回运动,如果电压频率较高,则看到的是一条竖直亮线,如图 2-8-4 所示。

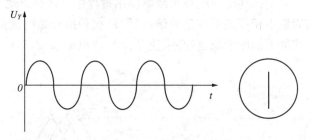

图 2-8-4 Y轴输入信号

要能显示波形,必须同时在水平偏转板上加一扫描电压,使电子束的亮点沿水平方向拉开。这种扫描电压的特点是电压随时间成线性关系增加到最大值,然后突然回到最小,此后再重复地变化。这种扫描电压即前面所说的"锯齿波电压",如图 2-8-5 所示。当只有锯齿波电压加在水平偏转板上时,如果频率足够高,则荧光屏上只显示一条水平亮线。

如果在竖直偏转板上加正弦电压,同时在水平偏转板上加锯齿波电压,电子受竖直、水平两个方向的力的作用,电子的运动就是两相互垂直的运动的合成。当锯齿波电压比正弦电压变化周期稍大时,在荧光屏上将能显示出完整周期的正弦电压的波形图。如图 2-8-6 所示。

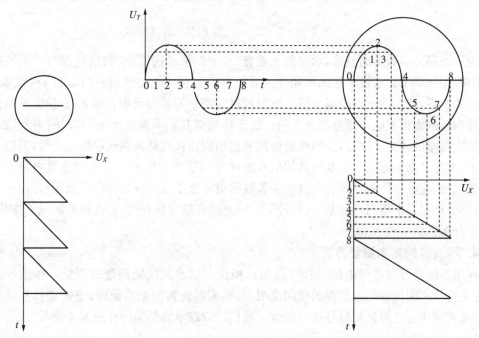

图 2-8-5 X轴输入信号   图 2-8-6 示波器的扫描原理

3. 同步原理

如果正弦波和锯齿波电压的周期稍微不同,屏上出现的是一移动着的不稳定图形。这种情形可用图 2-8-7 说明。设锯齿波电压的周期 T_X 比正弦波电压周期 T_Y 稍小,比方说 $T_X/T_Y = 7/8$。在第一扫描周期内,屏上显示正弦信号 0～4 点之间的曲线段;在第二周期内,显示4～8 点之间的曲线段,起点在 4 处;第三周期内,显示 8～11 点之间的曲线段,起点在 8 处。

这样,屏上显示的波形每次都不重叠,好像波形在向右移动。同理,如果 T_X 比 T_Y 稍大,则显示波形好像在向左移动。以上描述的情况在示波器使用过程中经常会出现。其原因是扫描电压的周期与被测信号的周期不相等或不成整数倍,以致每次扫描开始时波形曲线上的起点均不一样所造成的。为了使屏上的图形稳定,必须使 $T_X/T_Y=n(n=1,2,3,\cdots)$,$n$ 是屏上显示完整波形的个数。

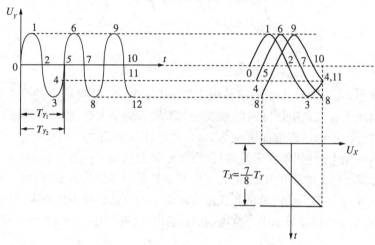

图 2-8-7 $T_X=\dfrac{7}{8}T_Y$ 时显示的波形

为了获得一定数量的波形,示波器上设有"水平扫描时间"(或"扫描范围")、"水平扫描微调"旋钮,用来调节锯齿波电压的周期 T_x(或频率 f_x),使之与被测信号的周期 T_Y(或频率 f_Y)成合适的关系,从而在示波器屏上得到所需数目的完整的被测波形。输入 Y 轴的被测信号与示波器内部的锯齿波电压是互相独立的。由于环境或其他因素的影响,它们的周期(或频率)可能发生微小的改变。这时,虽然可通过调节扫描旋钮将周期调到整数倍的关系,但过一会儿又变了,波形又移动起来。在观察高频信号时这种问题尤为突出。为此示波器内装有扫描同步装置,让锯齿波电压的扫描起点自动跟着被测信号改变,这就称为整步(或同步)。有的示波器中,需要让扫描电压与外部某一信号同步,因此设有触发源开关,可选择外触发工作状态,相应设有外触发信号输入端。

4. 示波器的基本测量方式

利用示波器可以进行电压、频率(周期)、相位差以及其他物理量的测量。在进行测试之前,首先要认真阅读各类示波器的使用说明书,根据示波器的基本原理,正确选择和调整好示波器,按其使用方法对被测信号进行测量。我们以双踪示波器为例介绍基本测量方法。

(1)电压测量

通常被测信号含交流和直流分量,测量时经常需要测量两种分量的复合值或单独值。在测量复合值时 Y 输入选择置于"DC"位置,而测量交流分量时 Y 输入选择置于"AC"位置。通常我们采用直接测量法进行电压测量。测试时根据被测信号的幅度和频率,适当选择"V/DIV"、"t/DIV"开关挡级,将被测信号直接或通过 10:1 探极输入示波器 Y 输入端,调节"触发电平控制"旋钮使波形稳定。置 Y 轴微调于"校正"位置,则可通过屏幕测得被测电压值。

$$U_{p-p} = D_y h, \tag{2-8-1}$$

式中：U_{p-p} 为被测电压峰峰值或任意两点间电压值；D_y 为偏转灵敏度，单位为 V/cm、mV/cm 或 V/DIV、mV/DIV；h 为被测电压波形的峰—峰高度或任意两点间高度，单位为 cm 或 DIV。

（2）时间测量

示波器测量时间通常采用直接测量方法，测量时应注意将扫描微调旋钮放在"校准"位置，被测时间 t_X 可由下式求得：

$$t_X = S_B \cdot X, \tag{2-8-2}$$

式中：S_B 为示波器扫描速度，单位为 s/cm、ms/cm、μs/cm 或 s/DIV、μs/DIV；X 为被测时间所对应的光迹在水平方向的距离。

（3）相位的测量

在双踪示波器中用两波形直接比较测量相位差是最直观、最简单的方法。对图 2-8-8 所示波形，可测得相位差：

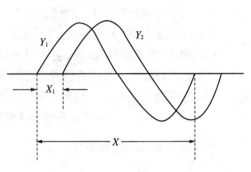

图 2-8-8　相位测试示意图

$$\varphi = \frac{X_1}{X} \times 360°。 \tag{2-8-3}$$

【实验步骤与方法】

实验前应仔细阅读说明书，了解示波器和信号发生器的面板结构、各旋钮的作用及调节方法。

1. 双踪示波器基本操作

（1）接通电源，仪器预热 5 min，屏幕出现光迹；

（2）分别调节亮度，聚焦旋钮，使光迹亮度适中，清晰；

（3）调节"Y 位移"、"X 位移"等旋钮，使在荧光屏中间显示一条亮度适中、清晰的扫描线。

2. 观察信号发生器波形

（1）将信号发生器的输出端接到示波器 Y 轴输入端。

（2）开启信号发生器，观察正弦波、方波、三角波形，调节示波器(注意信号发生器频率与扫描频率)，使荧光屏上出现稳定的波形。

3. 测量正弦波电压

（1）选择信号发生器"波形选择"按钮输出正弦信号，将示波器上的"Y 位移"旋钮调到适当位置，在荧光屏上调节出大小适中、稳定的正弦波形；

（2）调节示波器"水平扫描时间"旋钮，使屏幕至少显示一个周期波形；

（3）调节"垂直幅度"旋钮至适当位置，并把"垂直微调"旋钮顺时针旋到底；

（4）调节正弦波的水平与竖直位置，准确读出波形顶部与底部所占格数，计算出正弦波电压峰—峰值 U_{p-p}，即

$$U_{p-p} = 垂直方向的格数 \times 垂直衰减开关所指数值, \tag{2-8-4}$$

求出正弦波电压有效值 U 为

$$U = \frac{0.71 \times U_{p-p}}{2}. \qquad (2-8-5)$$

4. 测量正弦波周期和频率

(1) 连接函数信号发生器与示波器；

(2) 选择信号发生器"波形选择"按钮输出正弦信号；

(3) 水平微调旋钮顺时针旋到底；

(4) 调节示波器"水平扫描时间旋钮"，使屏幕显示 1 到 2 个周期波形；

(5) 调节"垂直幅度"旋扭，使波形的顶部与底部在屏幕内；

(6) 调节波形水平与竖直位置，使波形中相邻的两个同相位点位于屏幕中央水平刻度线上；

(7) 测量两点之间水平格数，按下列公式计算出周期：

$$T = (水平距离 DIV) \times (扫描时间挡位 t/DIV). \qquad (2-8-6)$$

然后求出正弦波的频率 $f = \dfrac{1}{T}$。

【实验数据记录与处理】

表 2-8-1　信号波形观测数据记录表

信　号	波　形　图
正弦波	
方波	
三角波	

表 2-8-2　测定信号电压数据记录表

名称　　波形	屏上波形高度/(DIV)	每格电压值(V/DIV)	实测电压峰值 U/V
正弦波(不衰减)			
正弦波(衰减 10 倍)			

表 2-8-3　测定信号频率数据记录表

名称　　波形	信号发生器输出信号频率 f_0/Hz	屏上波形宽度/(DIV)	扫描时间(t/DIV)	实测周期 T/s	实测频率 f/Hz	百分偏差 $\dfrac{\lvert f - f_0 \rvert}{f_0} \times 100\%$
正弦波						
方波						

【注意事项】

1. 荧光屏上的光点亮度不能太强，而且不能让光点长时间停留在荧光屏的某一点，尽量将亮度调暗些，以看得清为准，以免损坏荧光屏。

2. 示波器的所有开关及旋钮均有一定的转动范围，绝不可用力过大，以免损坏仪器。

【思考】

1. 示波器为什么能显示被测信号的波形?
2. 荧光屏上无光点出现,有几种可能的原因? 怎样调节才能使光点出现?
3. 荧光屏上波形移动,可能是什么原因引起的?

实验 2.9　分光计的调节与使用

　　分光计是一种测量光线偏转角的仪器,实际上就是一种精密的测角仪。光线在传播过程中,遇到不同介质的分界面时,会发生反射和折射,光线将改变传播的方向,结果在入射光与反射光或折射光之间就存在一定的夹角,通过对某些角度的测量,可以测定折射率、光栅常数、光波波长、色散率等许多物理量,因此分光计是光学实验中的一种基本仪器。在分光计的载物台上放置色散棱镜或衍射光栅,它就成为一台简单的光谱仪器;在分光计上装上光电探测器,还可以对光的偏振现象进行定量研究。为了保证测量的精确,分光计在使用前必须调节,分光计的调节方法对一般光学仪器的调节也有一定的通用性,学会对它的调节和使用有助于掌握更为复杂的光学仪器的操作。因此学习分光计的调节方法也是使用光学仪器的一种基本训练。

【实验目的】

　　1. 了解分光计的结构及各组成部件的作用;
　　2. 掌握分光计的调节和使用方法,正确测定棱镜顶角。

【实验器材】

　　JJY-1′型分光计的结构如图 2-9-1 所示。

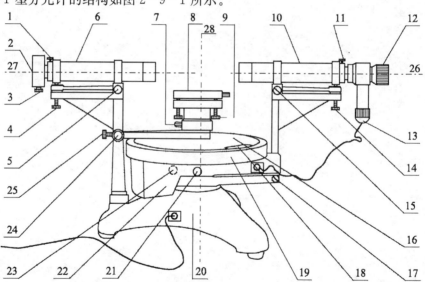

1—平行光管狭缝锁紧螺钉;2—平行光管狭缝装置;3—平行光管狭缝调节螺钉;4—平行光管倾斜度调节螺钉;5—平行光管水平方向调节螺钉;6—平行光管;7—载物台锁紧螺钉;8—载物台;9—载物台调平螺钉;10—望远镜;11—望远镜目镜锁紧螺钉;12—望远镜目镜调焦手轮;13—小电珠;14—望远镜倾斜度调节螺钉;15—望远镜水平方向调节螺钉(背面);16—游标盘;17—望远镜微调螺钉;18—游标;19—刻度盘;20—底座;21—转座与刻度盘锁定螺钉;22—转座;23—望远镜制动螺钉(背面);24—游标盘微调螺钉;25—游标盘制动螺钉;26—望远镜光轴;27—平行光管光轴;28—分光计中心转轴

图 2-9-1　JJY-1′型分光计的结构示意图

【实验原理】

1. 分光计的结构

(1) 望远镜

望远镜是用来观察平行光的。分光计采用的是自准直望远镜（"阿贝"式）。它是由目镜、叉丝分划板和物镜三部分组成,分别装在三个套筒中,这三个套筒一个比一个大,彼此可以互相滑动,以便调节聚焦。与普通望远镜类似,改变物镜至目镜的距离,可以使远处不同距离的物体成像清晰,望远镜调焦至无穷远时,则可使从无穷远处来的平行光成像最清晰。如图2-9-2所示。中间的一个套筒装有一块圆形分划板,分划板面刻有"十"形叉丝,分划板应位于目镜焦平面上。分划板的下方紧贴着装有一块45°全反射小棱镜,在与分划板相贴的小棱镜的直角面上,刻有一个"十"形透光的叉丝。在望远镜内看到的"十"像就是这个叉丝的像。叉丝套筒上正对着小棱镜的另一个直角面处开有小孔并装一小灯,小灯的光进入小孔经全反射小棱镜反射后,沿望远镜光轴方向照亮分划板,以便于调节和观测。

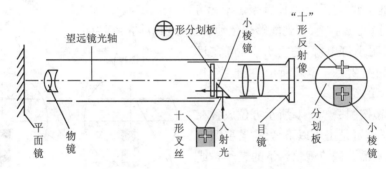

图 2-9-2　望远镜的结构图

(2) 平行光管

平行光管是用来产生平行光的,它由狭缝和会聚透镜组成,其结构如图 2-9-3 所示。狭缝与透镜之间的距离可以通过伸缩狭缝套筒进行调节,当狭缝调到透镜的焦平面上时,则狭缝发出的光经过透镜后就成为平行光。狭缝的宽度可由图 2-9-3 中的狭缝调节螺钉进行调节。

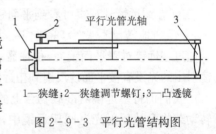

1—狭缝;2—狭缝调节螺钉;3—凸透镜

图 2-9-3　平行光管结构图

(3) 载物台

载物台是用来放待测物件的(如三棱镜、光栅等)。有三只调节螺钉可改变载物台倾斜度。

(4) 读数装置

读数装置由刻度圆盘和与游标盘组成,如图 2-9-4 所示。刻度圆盘分为 360°,每度中间有半刻度线,故刻度圆盘的最小读数为半度(30′),小于半度的值利用游标读出。游标上有 30分格,故最小刻度为 1′。为了消除读盘的偏心误差,采用两个相差 180°的游标 A、B 进行认真读数,分光计上的游标为角游标,但其原理和读数方法与游标卡尺类似。

2. 分光计的调节

(1) 目测粗调。将望远镜、载物台、平行光管用目测粗调成水平,并与分光计中心轴垂直(粗调是后面进行细调的前提和细调成功的保证)。

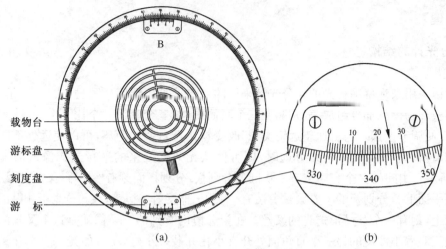

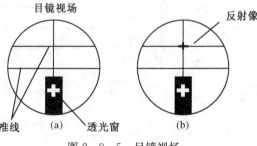

图 2-9-4　刻度圆盘和游标盘

（2）用自准法调整望远镜，使其聚焦于无穷远。

① 调节目镜调焦手轮，直到能够清楚地看到分划板"准线"为止。

② 接上照明小灯电源，打开开关，可在目镜视场中看到如图 2-9-5(a)所示的"准线"和带有绿色小十字的窗口。

③ 将平面镜按图 2-9-6 所示方位放置在载物台上。这样放置是出于以下考虑：若要调节平面镜的俯仰，只需要调节载物台下的螺丝 a_2 或 a_3 即可，而螺丝 a_1 的调节与平面镜的俯仰无关。

④ 在望远镜外观察可看到平面镜内有一亮十字，轻缓地转动载物台，亮十字也随之转动。但通过望远镜对着平面镜看，往往看不到此亮十字，这说明从望远镜射出的光没有被平面镜反射到望远镜中。

图 2-9-5　目镜视场

我们仍将望远镜对准载物台上的平面镜，调节镜面的俯仰，并转动载物台让反射光返回望远镜中，使由透明十字发出的光经过望远镜物镜后再经平面镜反射，再由物镜成像在分划板上形成模糊的像斑(注意：调节是否顺利，以上步骤是关键)。调节物镜与分划板间的距离，再调节分划板与目镜的距离使从目镜中既能看清准线，又能看清亮十字的反射像，如图 2-9-5(b)。注意使准线

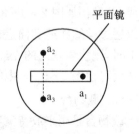

图 2-9-6　平面镜的放置

与亮十字的反射像之间无视差，如有视差，则需反复调节，予以消除。如果没有视差，说明望远镜已聚焦于无穷远。

（3）调整望远镜光轴，使之与分光计的中心轴垂直。

平行光管与望远镜的光轴各代表入射光和出射光的方向。为了测准角度，必须分别使它们的光轴与刻度盘平行。刻度盘在制造时已垂直于分光计的中心轴。因此，当望远镜与分光计的中心轴垂直时，就达到了与刻度盘平行的要求。

具体调整方法为：平面镜仍竖直置于载物台上，使望远镜分别对准平面镜前后两镜面，利用

自准法可以观察到两次亮十字的反射像。如果望远镜的光轴与分光计的中心轴相垂直,而且平面镜反射面又与中心轴平行时,则两次观察到的由平面镜前后两个面反射回来的亮十字像与分划板准线的上部十字线完全重合,如图 2-9-7(c)所示。若望远镜光轴与分光计中心轴不垂直,平面镜反射面也不与中心轴相平行,则转动载物台时,从望远镜中观察到的两次亮十字反射像必然不会与分划板准线的上部十字线重合,而是一个偏低,一个偏高,甚至只能看到一个。这时需要认真分析,确定调节措施,切不可盲目乱调。重要的是必须先粗调,即先从望远镜外面目测,调节使从望远镜外侧能观察到亮十字像,然后再细调。从望远镜视场中观察,粗调应使无论以平面镜的哪一个反射面对准望远镜,均能观察到亮十字。如从望远镜中看到准线与亮十字像不重合,它们的交点在高低方面相差一段距离[如图 2-9-7(a)所示],此时调整望远镜高低倾斜螺丝使差距减小为 $h/2$[如图 2-9-7(b)所示],再调节载物台下的水平调节螺丝,消除另一半距离,使准线的上部十字线与亮十字线重合[如图 2-9-7(c)所示]。之后,再将载物台旋转 180°,使望远镜对着平面镜的另一面,采用同样的方法调节。如此反复调整,直至转动载物台时,从平面镜前后两表面反射回来的亮十字像都能与分划板准线的上部十字线重合为止,这时望远镜光轴和分光计的中心轴相垂直。这种方法称为逐次逼近各半调整法。

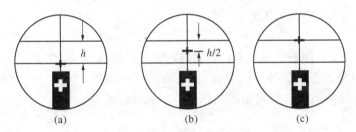

图 2-9-7 亮十字像与分划板准线的位置关系

(4) 调整平行光管

用前面已经调整好的望远镜调节平行光管。当平行光管射出平行光时,则狭缝成像于望远镜物镜的焦平面上,在望远镜中就能清楚地看到狭缝像,并与准线无视差。

① 调整平行光管产生平行光。取下载物台上的平面镜,关掉望远镜中的照明小灯,用钠灯照亮狭缝,从望远镜中观察来自平行光管的狭缝像,同时调节平行光管狭缝与透镜间的距离,直至能在望远镜中看到清晰的狭缝像为止,然后调节缝宽使望远镜视场中的缝宽约为 1 mm。

② 调节平行光管的光轴与分光计中心轴相垂直。望远镜中看到清晰的狭缝像后,转动狭缝(但不能前后移动)至水平状态,调节平行光管倾斜度调节螺丝,使狭缝水平像被分划板的中央十字线上、下平分,如图 2-9-8(a)所示。这时平行光管的光轴已与分光计中心轴相垂直。再把狭缝转至竖直位置,并需保持狭缝像最清晰而且无视差,位置如图 2-9-8(b)所示。

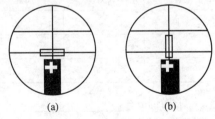

图 2-9-8 狭缝像与分划板位置

至此分光计已全部调整好,使用时必须注意分光计上除刻度圆盘制动螺丝及其微调螺丝外,其他螺丝不能任意转动,否则将破坏分光计的工作条件,需要重新调节。

3. 关于测量

测量时,旋紧游标盘止动螺钉 24,固定游标盘位置。放松望远镜制动螺钉 23,转动望远镜(连同刻度盘)寻找被测位置。当对准被测位置后,旋紧望远镜制动螺钉 23,用望远镜微调螺钉 17 进行微调,最后在刻度盘和游标上进行读数。

【实验步骤与方法】

1. 调节分光镜

(1) 调节望远镜,使其聚焦于无穷远;

(2) 使望远镜光轴与分光计转轴垂直;

(3) 调节平行光管产生平行光;

(4) 使平行光管光轴与分光计转轴垂直。

2. 反射法测三棱镜顶角 α

如图 2 - 9 - 9 所示,一束平行光入射于三棱镜,经过 AB 面和 AC 面反射的光线分别沿 T_1 和 T_2 方位射出,T_1 和 T_2 方向的夹角记为 θ,由几何学关系可知:

$$\alpha = \theta/2 。 \tag{2-9-1}$$

转动望远镜,从 AB 面的反射光中找到狭缝的像,再进行微调,使狭缝的像与分划板叉丝的竖线重合,记录两游标的读数 φ_{A1}、φ_{B1},用相同方法找到另一反射光的角坐标 φ_{A2}、φ_{B2},则测得顶角为

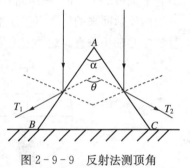

图 2 - 9 - 9　反射法测顶角

$$\alpha = \theta/2 = \frac{1}{4}(|\varphi_{A1} - \varphi_{A2}| + |\varphi_{B1} - \varphi_{B2}|)。 \tag{2-9-2}$$

稍微转动平台的位置,重复测量三次,求其顶角的平均值。

【实验数据记录与处理】

表 2 - 9 - 1　顶角的测量

$\Delta_仪 = 1'$

测量次号	AB 面反射光方位		AC 面反射光方位		$\alpha = \frac{1}{4}(|\varphi_{A1} - \varphi_{A2}| + |\varphi_{B1} - \varphi_{B2}|)$
	φ_{A1}	φ_{B1}	φ_{A2}	φ_{B2}	
1					
2					
3					

平均值 $\bar{\alpha} = $＿＿＿＿＿＿＿。

【注意事项】

1. 望远镜、平行光管上的镜头、三棱镜、平面镜的镜面不能用手摸、揩。如发现有尘埃时,应该用镜头纸轻轻揩擦。三棱镜、平面镜不准磕碰或跌落,以免损坏。

2. 分光计是较精密的光学仪器,要加倍爱护,不应在制动螺丝锁紧时强行转动望远镜,也

不要随意拧动狭缝。

3. 在测量数据前务必检查分光计的几个制动螺丝是否锁紧,若未锁紧,取得的数据会不可靠。

4. 测量中应正确使用望远镜转动的微调螺丝,以便提高工作效率和测量准确度。

5. 在游标读数过程中,由于望远镜可能位于任何方位,故应注意望远镜转动过程中是否过了刻度的零点。如越过刻度零点,则必须按式$(360° - |\varphi' - \varphi|)$来计算望远镜的转角。例如当望远镜由位置 I 转到位置 II 时,双游标的读数分别如下表所示:

望远镜位置	I	II
左游标读数 φ	175°45′	295°43′
右游标读数 φ'	355°45′	115°43′

由左游标读数可得望远镜转角为:

$$\theta_左 = |\varphi_I - \varphi_{II}| = 119°58'.$$

由右游标读数可得望远镜转角为:

$$\theta_右 = 360° - |\varphi'_I - \varphi'_{II}| = 119°58'.$$

6. 一定要认清每个螺丝的作用再调整分光计,不能随便乱拧。掌握各个螺丝的作用可使分光计的调节与使用事半功倍。

7. 调整时应按部就班,已调好部分的螺丝不能再随便拧动,否则会造成前功尽弃。

8. 望远镜的调整是一个重点。

【思考】

1. 分光计调整的要求是什么?

2. 转动载物台上的平面镜时,望远镜中看不到由镜面反射的绿十字像,应如何调节?

3. 分析分光计的设计原理。

4. 分光计为什么要调整使望远镜光轴与分光计中心轴相垂直? 如果两者不垂直对测量结果有何影响?

5. 若平面镜两面的绿十字像,一个偏上,在水平线上方距离为 a;另一个偏下,与水平线距离为 $5a$,应如何调节?

6. 用反射法测量三棱镜顶角时,为什么必须将三棱镜的顶角置于载物台中心附近? 试作图说明。

【附加内容】

最小偏向角法测三棱镜玻璃的折射率

折射率是物质重要的光学特性常数,精确测定折射率的方法很多,对于固体介质,常用最小偏向角法。这里对最小偏向角法进行介绍,并以此作为分光计调整和使用的练习。

假设有一束单色平行光 LD 入射到棱镜上,经过两次折射后沿 ER 方向射出,则入射光线 LD 与出射光线 ER 间的夹角 δ 称为偏向角,如图 2-9-10 所示。

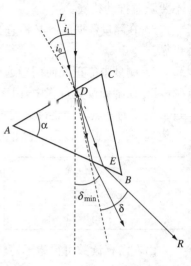

转动三棱镜,改变入射光对光学面 AC 的入射角,出射光线的方向 ER 也随之改变,即偏向角 δ 发生变化。沿偏向角减小的方向继续缓慢转动三棱镜,使偏向角逐渐减小;当转到某个位置时,若再继续沿此方向转动,偏向角又将逐渐增大,此位置时偏向角达到最小值,即为最小偏向角 $\delta_{\min}$。可以证明棱镜材料的折射率 n 与顶角 α 及最小偏向角的关系式为

$$n=\frac{\sin\frac{1}{2}(\delta_{\min}+\alpha)}{\sin\frac{\alpha}{2}}。 \qquad (2-9-3)$$

图 2-9-10 最小偏向角的测定

实验中,利用分光镜测出三棱镜的顶角 α 及最小偏向角 $\delta_{\min}$,即可由上式算出棱镜材料的折射率 n。

接下来介绍最小偏向角的测量方法。分别放松游标盘和望远镜的制动螺丝,转动游标盘(连同三棱镜)使平行光射入三棱镜的 AC 面,如图 2-9-10 所示。转动望远镜在 AB 面处寻找平行光管中狭缝的像,然后向一个方向缓慢地转动游标盘(连同三棱镜),在望远镜中观察狭缝像的移动情况。当随着游标盘转动,而向某个方向移动的狭缝像正要开始向相反方向移动时,固定游标盘。轻轻地转动望远镜,使分划板上竖直线与狭缝像对准,记下两游标指示的读数,记为 φ_A、φ_B;然后取下三棱镜,转动望远镜使它直接对准平行光管,并使分划板上竖直线与狭缝像对准,记下此时两游标指示的读数,记为 $\varphi_A{}'$、$\varphi_B{}'$ 可得

$$\delta_{\min}=\frac{1}{2}(|\varphi_A{}'-\varphi_A|+|\varphi_B{}'-\varphi_B|), \qquad (2-9-4)$$

重复测量三次求平均值。

将测得的最小偏向角平均值与顶角的平均值代入式(2-9-3)计算出棱镜材料的折射率。

实验 2.10 半导体 PN 结的物理特性

半导体 PN 结的物理特性是物理学和电子学的重要基础内容之一,它在实践中有着广泛的应用,如各种晶体管、太阳能电池、半导体制冷、半导体激光器、发光二极管等都是由半导体 PN 结组成。通过对 PN 结扩散电流随正向电压变化规律的测定,不仅可以加深对 PN 结物理特性的了解,还能测出玻尔兹曼常数。

本实验需要用到弱信号的测量,对弱信号的测量在现代生活中具有越来越重要的意义,它可以使我们对大自然的了解更深、更广。

【实验目的】

1. 学习用运算放大器组成电流-电压变换器测量 10^{-8} A 至 10^{-6} A 的弱电流,了解用运算放大器测量弱电流的原理和方法;

2. 在室温时,测量 PN 结扩散电流与结电压的关系,通过数据处理证明此关系遵循指数分布规律;

3. 测量玻耳兹曼常数。

【实验仪器】

FD－PN－4 型 PN 结物理特性综合实验仪(如图 2-10-1),TIP31C 型三极管(带三根引线)1 只,长连接导线 11 根(6 黑 5 红),手枪式连接导线 10 根,3DG6(基极与集电极已短接,有 2 根引线)1 只,铂电阻 1 只。

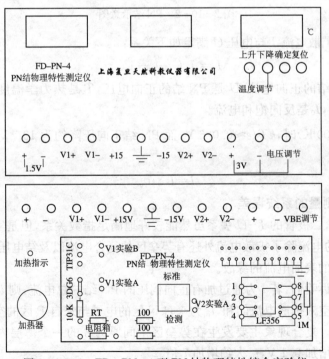

图 2-10-1 FD－PN－4 型 PN 结物理特性综合实验仪

【实验原理】

1. 扩散电流与结电压的关系

介于导体与绝缘体之间的物质叫半导体,在半导体中只有一种载流子导电,只有电子(负电荷)导电的半导体叫 N 型半导体,只有空穴(正电荷)导电的半导体叫 P 型半导体。以一定的工艺制成的 P 型半导体和 N 型半导体相邻的交接处,由于自由扩散形成的结叫 PN 结。由半导体物理可知,PN 结中载流子的基本运动形式有扩散、漂移和复合三种。给 PN 结加上正向电压 U,内电场得到抑制,正向扩散电流 I 成为主流(见图 2-10-2)。

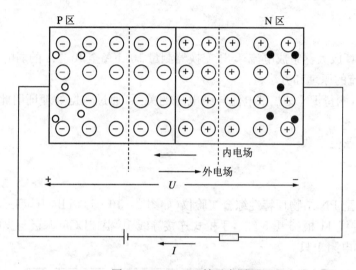

图 2-10-2　PN 结示意图

PN 结的正向扩散电流 I 与电压 U 满足如下关系:

$$I = I_0 \left(e^{\frac{eU}{kT}} - 1 \right), \tag{2-10-1}$$

式中 I 是通过 PN 结的正向电流,U 是 PN 结的正向电压,T 是热力学温度,k 是玻耳兹曼常数,e 是电子电荷量,I_0 是反向饱和电流。

由于在常温(300 K)时,$kT/e \approx 0.026$ V,而 PN 结正向压降约为 10^{-1} V 的量级,因而 $e^{\frac{eU}{kT}} \gg 1$,于是有

$$I = I_0 e^{\frac{eU}{kT}}. \tag{2-10-2}$$

2. 扩散电流测量的系统误差

在实际测量中,二极管的 $I-U$ 关系虽然能较好地满足指数关系,但是实际情况还是有出入,这是因为测得的电流除了扩散电流外还有势垒区的复合电流以及结电压较高时 Si 和 SiO_2 界面中的杂质引起的表面电流的缘故。

半导体物理告诉我们,若 i 为通过加有正向偏压的 PN 结的总电流,则 $i = i_{np} + i_{rq}$,式中 i_{np} 为电子扩散电流和空穴扩散电流的和,i_{rq} 为来自 N 区的电子与来自 P 区的空穴在势垒区复合而形成的复合电流。复合现象主要发生在势垒区中间厚为 δ 的一个薄层内,据估算加在 PN 结上的正向偏压每增加 0.1 V,i_{rq} 大约增加 7 倍。

若用硅三极管作为研究对象,并接成共基极线路,在发射极与基极间加上不太高的正向偏

压,此时集电极电流中仅仅是扩散电流。如图 2 - 10 - 3 所示,这是由于三极管制造工艺的特点:发射极的掺杂浓度较高;基极很薄,只有几微米到十几微米,以减小复合电流;集电极具有较低的掺杂浓度,面积较大,有利于接收电子;发射结正向偏置,集电结反向偏置,在正向偏压下发射结把电子注入到基极,注入到基区的电子来不及复合就扩散到集电结的边界,被集电极的抽取作用(内电场作用)拉向集电区,从而保证了集电极与基极间的电流就是扩散电流。同时,如果结电压不取过高的值(本实验取值不高于 420 mV),Si 和 SiO_2 界面中杂质引起的表面电流也可忽略不计。

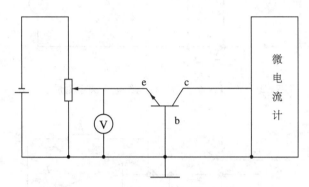

图 2 - 10 - 3　用三极管共基极电路测 PN 结扩散电流

3. 门限电压

正向电压较小时,由于外电场不足以克服内电场对载流子扩散的阻力,因而扩散电流基本为零,当正向电压达到一定数值,电流才开始上升,该电压称为"门限电压"。综上所述,本实验的结电压取 300∼420 mV。

4. 弱电流的测量

当 PN 结电压较小时,PN 结没导通,通过的电流很弱,普通电流表很难准确测量,无法验证真实的电压-电流关系和测量玻耳兹曼常数,而采用集成运算放大器对弱电流放大可解决这些问题。过去实验中,10^{-11} A∼10^{-6} A 量级弱电流采用光点反射式检流计测量,该仪器灵敏度较高(约 10^{-9} A/分度),但有许多不足之处:如十分怕震,挂丝易断;使用时稍有不慎,光标易偏出满度;瞬间过载引起引丝疲劳变形产生不回零点及指示差变大等。使用和维修极不方便。近年来,集成电路与数字化显示技术越来越普及,高输入阻抗运算放大器性能优良,价格低廉,用它组成电流-电压变换器测量弱电流信号,具有输入阻抗低、电流灵敏度高、温漂小、线性好、设计制作简单、结构牢靠等优点,因而被广泛应用于物理测量中。

弱电流测量的实验装置如图 2 - 10 - 4 所示,所用 PN 结由三极管提供,LF356 是一个高输入阻抗集成运算放大器,用它组成电流-电压变换器,可对弱电流进行放大并转换成电压形式。

其工作原理如图 2 - 10 - 5 所示,I_s 为被测弱电流,Z_r 为电路的等效输入阻抗,R_f 为负反馈电阻,运放的开环放大倍数为 K_0,运算放大器的输出电压为

$$U_{out} = -K_0 U_{in}。\qquad (2 - 10 - 3)$$

由于运放输入阻抗接近无限大,反馈电阻 R_f 流过的电流近似为 I_S,

$$I_S = (U_{in} - U_{out})/R_f = -U_{out}\left(1 + \frac{1}{K_0}\right)/R_f \approx -\frac{U_{out}}{R_f}。\qquad (2 - 10 - 4)$$

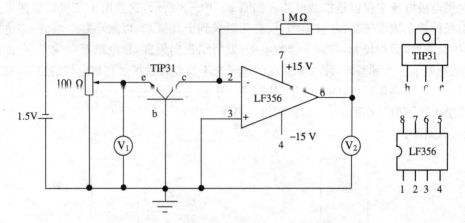

图 2 - 10 - 4　PN 结扩散电流与结电压关系测量线路图

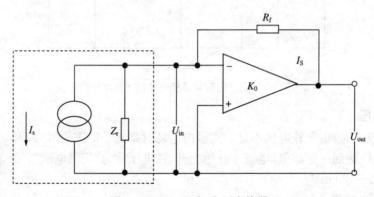

图 2 - 10 - 5　电流-电压变换器

只要测得输出电压 U_{out} 和已知 R_f 值,即可求得 I_S,将上式代入 $I_S = I_0 e^{\frac{qU}{kT}}$ 可得:

$$U_{out} = U_2 = A e^{\frac{qU_1}{kT}}。 \tag{2 - 10 - 5}$$

由式(2 - 10 - 3)和式(2 - 10 - 4)得电流-电压变换器等效输入阻抗 Z_r 为

$$Z_r = U_{in}/I_S = R_f/(1+K_0) \approx R_f/K_0。 \tag{2 - 10 - 6}$$

以高输入阻抗集成运算放大器 LF356 为例来讨论 Z_r 和 I_S 值的大小。对 LF356 运放的开环增益 $K_0 = 2 \times 10^5$,运放输入阻抗约 $10^{12} \Omega$。若取 R_f 为 1.00 MΩ,则由式(2 - 10 - 6)可得

$$Z_r = 1.00 \times 10^6 \ \Omega/(1 + 2 \times 10^5) = 5 \ \Omega。$$

若选用四位半量程 200 mV 数字电压表,它最后一位变化为 0.01 mV,那么用上述电流-电压变换器能显示最小电流值为

$$I_s(min) = 0.01 \ mV/1.00 \times 10^6 \ \Omega = 1 \times 10^{-11} A。$$

由此说明,用集成运算放大器组成电流-电压变换器测量弱电流,具有等效输入阻抗小、灵敏度高的优点。

5. 玻耳兹曼常数测量

对 $U_2 = A e^{\frac{qU_1}{kT}}$ 两边同取对数变换成线性关系:

$$\ln U_2 = \ln A + \frac{qU_1}{kT}。$$

令 $\frac{q}{kT}=k_1$，则 $\ln U_2=k_1 U_1+\ln A$，根据 $\ln U_2$ 与 U_1 关系绘出曲线，由曲线求出斜率 k_1，算出玻耳兹曼常数 $k=\frac{q}{Tk_1}$。

【实验步骤与方法】

1. 图 2-10-4 中 U_1 为三位半数字电压表，U_2 为四位半数字电压表，TIP31 型为带散热板的功率三极管，调节电压的分压器使用的是多圈电位器，为了保持 PN 结与周围环境一致，把 TIP31 型三极管浸没在盛有变压器油的干井槽中。

2. 在室温情况下，测量三极管发射极与基极之间电压 U_1 和相应电压 U_2。在常温下 U_1 的值约从 0.3 V 至 0.42 V 范围每隔 0.01 V 测一点数据，约测 10 个数据点，至 U_2 值达到饱和时（U_2 值变化较小或基本不变）结束测量。在记录数据开始和记录数据结束时都要同时记录变压器油的温度，取温度的平均值。

【实验数据记录与处理】

1. 数据记录

室温条件下：初温 $t_1=$ _____ ℃，末温 $t_2=$ _____ ℃，平均温度 $\bar{t}=$ _____ ℃。

表 2-10-1　U_1 与 U_2 数据记录表

序号	1	2	3	4	5	6	7	8
U_1/V								
U_2/V								
$\ln U_2$								
序号	9	10	11	12	13	14	15	16
U_1/V								
U_2/V								
$\ln U_2$								

2. 根据表 2-10-1，画出 U_1-$\ln U_2$ 曲线，验证此关系遵循指数分布规律。

3. 计算玻耳兹曼常数：

根据 $\ln U_2$ 与 U_1 关系绘出曲线，由曲线求出斜率 $k_1=$ _____，$T=$ _____，由 $k=q/(k_1 T)$ 计算得出 k，此结果与公认值 $k=1.381\times10^{-23}$ J/K 进行比较。

【注意事项】

1. 数据处理时，对于扩散电流太小（起始状态）及扩散电流接近或达到饱和时的数据，在处理数据时应删去，因为这些数据可能偏离公式（2-10-1）。

2. 必须观测恒温装置上温度计读数，待 TIP31C 三极管温度处于恒定时（即处于热平衡时），才能记录 U_1 和 U_2 数据。

3. 本电源具有短路自动保护，运算放大器若接反或地线漏接，本实验也有保护装置。一般情况集成电路不易损坏,但请勿将二极管保护装置拆除。

【思考】

1. 本实验为何不采用硅二极管而采用三极管?

2. 实验证明 U_1 与 U_2 之间满足指数函数关系,为什么可以说 U_1 与流过 PN 结的电流 I 也满足指数关系?

【附加内容】

PN 结温度计的制作

常用的温度传感器有热电偶、测温电阻器和热敏电阻等,这些温度传感器均有各自的优点,但也有它的不足之处:如热电偶适用温度范围宽,但灵敏度低,且需要参考温度;热敏电阻灵敏度高、热响应快、体积小,缺点是非线性,且一致性较差,仪表的校准和调节均感不便;测温电阻如铂电阻有精度高、线性好的优点,但灵敏度低且价格较贵。而 PN 结温度传感器则具有

灵敏度高、线性较好、热响应快和体小轻巧易集成化等优点,所以其应用势必日益广泛。

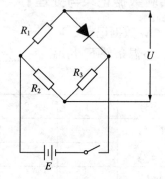

图 2-10-6   PN 结温度计电路

构成二极管的 PN 结其正向电压受温度的影响很大,利用这个特点可以制成 PN 结温度计。为了提高测量的灵敏度,制作 PN 结温度计时,经常采用非平衡电桥的形式,如图 2-10-6 所示。PN 结为其中的一桥臂,在一定的条件下调节桥臂电阻使电桥达到平衡,当 PN 结的温度发生变化时,由于其正向电压的变化,电桥不能平衡,输出端将有电压输出,输出端电压和 PN 结上的温度呈线性关系,只要知道输出端电压 U 和 PN 结上的温度 t 之间的关系,就可以根据输出端电压 U 的大小确定出对应的温度 t。确定 U-t 关系的过程称为定标,定标后的 PN 结温度计即可进行测温。

第3章 综合实验

实验3.1 流体运动规律研究

液体和气体统称为流体。实际流体具有流动性、可压缩性及粘滞性等特点,研究流体运动规律的科学叫流体力学。流体力学在日常生活、水利工程及生物研究中都具有重要的应用。实际流体的运动情况比较复杂,但许多情况下,流体的可压缩性及粘滞性可以忽略,因而可以把这样的实际流体看成是理想流体。理想流体在做定常流动时,流体内压强、流速、流量、能量的变化存在着一定的相互关系。本实验以水在水管中的流动为例,研究理想流体定常流动的运动规律。

【实验目的】

1. 学会流速、流量、压强等流动参量的测定方法;
2. 了解理想流体在管内流动时流速的变化规律;
3. 研究理想流体在管内流动时静压、动压及位压之间的变化规律,在此基础上掌握伯努利原理;
4. 初步了解流体运动伯努利方程在生活、生产中的应用。

【实验仪器】

BN-1伯努利方程实验装置。

【实验原理】

1. 连续性原理

理想流体做定常流动时,在流体内,取任意一段细流管,设其两端的截面积分别为 S_1 和 S_2,如图 3-1-1 所示,假设每一截面上各点的流速相等,以 v_1 表示 S_1 处流速,以 v_2 表示 S_2 处流速,流体只能从流管的一端流入,从流管的另一端流出,这段流管内的质量必定是不变的,即同一时间内从 S_1 处流入和从 S_2 处流出的流体质量是相等的,则有

$$S_1 v_1 = S_2 v_2, \qquad (3-1-1)$$

或

$$\frac{v_1}{v_2} = \frac{S_2}{S_1}, \qquad (3-1-2)$$

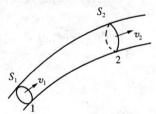

图 3-1-1 连续性原理

这一关系称为连续性方程,也称为连续性原理。根据上式,横截面积大的地方流速小,横截面积小的地方流速大。连续性原理基本适用于液体在一般流管中的稳定流动,但对于可压缩流体就不成立了。

单位时间通过某截面的流体体积,称为流过该截面的体积流量,用 Q 表示,即:

$$Q=\frac{\Delta V}{\Delta t}=\frac{\Delta l\cdot S}{\Delta t}=vS。\tag{3-1-3}$$

在 SI 中,流量的单位为 m^3/s。

2. 伯努利原理

伯努利(D. Bernoulli)原理是流体动力学的一个基本规律,它表达理想流体做定常流动时流管内流体压强、流速、高度之间的关系。

如图 3-1-2 所示,在做定常流动的理想流体中任取一流管,分别用截面 S_1 和 S_2 截出一段流体,在时间 Δt 内,截出的流体从 a_1a_2 位置流至 b_1b_2 位置,可以看出,a_1b_1 段流体和 a_2b_2 段流体分别是在同一时间间隔内流入和流出的流体,对于不可压缩流体,体积为

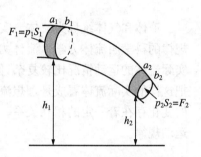

图 3-1-2　伯努利原理

$$\Delta V=S_1a_1b_1=S_2a_2b_2,质量为:m=\rho\Delta V。$$

设截面 S_1 和 S_2 处的压强分别为 p_1 和 p_2,流速分别为 v_1 和 v_2,流管中的流体经 Δt 时间后,由 a_1a_2 位置流至 b_1b_2 位置,这相当于质量为 m 的流体由 a_1b_1 位置流到 a_2b_2 位置,下面讨论该截流体能量变化。

动能的改变为

$$\Delta E_k=\frac{1}{2}mv_2^2-\frac{1}{2}mv_1^2=\frac{1}{2}\rho(v_2^2-v_1^2)\Delta V。$$

重力势能的改变为

$$\Delta E_p=mgh_2-mgh_1=\rho g(h_2-h_1)\Delta V,$$

其中 h_1、h_2 分别为 S_1 和 S_2 距零势能面的高度。对这段流体做功的外力,只有段外流体对它的压力,在图上用 F_1 和 F_2 表示。

作用于 S_1 上的力 F_1 所做的功为

$$W_1=F_1a_1b_1=p_1S_1a_1b_1=p_1\Delta V。$$

作用于 S_2 上的力 F_2 所做的功为

$$W_2=-F_2a_2b_2=-p_2S_2a_2b_2=-p_2\Delta V。$$

因此,外力对这段流体所做的总功为

$$W=W_1+W_2=(p_1-p_2)\Delta V。$$

由功能原理,得

$$(p_1-p_2)\Delta V=\frac{1}{2}\rho(v_2^2-v_1^2)\Delta V+\rho g(h_2-h_1)\Delta V,$$

即

$$p_1+\frac{1}{2}\rho v_1^2+\rho gh_1=p_2+\frac{1}{2}\rho v_2^2+\rho gh_2,\tag{3-1-4}$$

或

$$p + \frac{1}{2}\rho v^2 + \rho g h = 常量。 \tag{3-1-5}$$

上式表示理想流体做定常流动时,在同一流线上任一点的动能密度 $\frac{1}{2}\rho v^2$、势能密度 $\rho g h$、压强 p 三者之和为一常量,这就是伯努利方程,也称为伯努利原理。通常把 p 称为静压强,$\frac{1}{2}\rho v^2$ 称为动压强,$\rho g h$ 称为位压强,如果把上式两边除以 ρg,则有:

$$p/\rho g + v^2/2g + h = 常量。 \tag{3-1-6}$$

通常把 $p/\rho g$ 称为静压头,$v^2/2g$ 称为动压头,h 称为位压头。因此,伯努利原理可以这样理解:对于做定常流动的理想流体,总压头是恒定的。

3.　实验装置说明

实验装置如图 3-1-3 所示,实验中,测压孔处液体的位压头则由流管的几何高度决定。测压管(1、3、7、9)上的小孔(即测压孔的中心线)与水流方向垂直,测压管内液位高度(从测压孔算起)即为静压头,它反映测压点处液体的压强大小。调节测压管(2、4、8、10)上的测压孔正对水流方向时,测压管内液位将因此上升,所增加的液位高度,即为测压孔处液体的动压头,它反映出该点水流动能大小,这时测压管(2、4、8、10)内液位总高度为静压头与动压头之和。

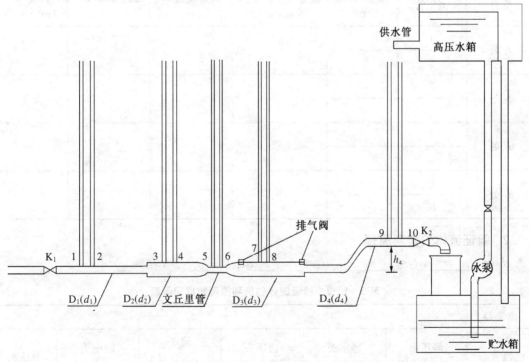

1～10—测压管;D₁～D₄—对应不同截面的流管;K₁—进水调节阀;K₂—出水调节阀

图 3-1-3　伯努利方程实验装置

【实验步骤与方法】

实验前,开启水泵,将水充满高压水箱,使箱内水面平稳不变,再缓慢开启进水调节阀和出水调节阀,设法排尽管内气泡。

1. 调节进、出水调节阀,保持水流稳定,观察各测压管稳定液位。

2. 记录各测压管液位,将相关数据填入表 3-1-1。

3. 计算流管不同截面处流量,通过比较得出结论。

4. 重新调节进、出水调节阀,改变流量,重复实验步骤1、2、3。

5. 调节进、出水调节阀,由文丘里管读出流管内流体流量 Q,数据记录在表 3-1-2 中。

6. 记录流管各处静压强。

7. 计算流管各处静压头、位压头、动压头、总压头,并比较同一流量下流管各处总压头,并得出结论。

8. 重新调节进、出水调节阀,改变流量,重复实验步骤5、6、7,数据记录在表 3-1-3 中。

【实验数据记录与处理】

1. 验证流体连续性原理

$d_1 = $_____ ,$d_2 = $_____ ,$d_3 = $_____ ,$d_4 = $_____ 。

表 3-1-1　验证流体连续性原理数据记录表

流管	测压管	液位高度/ m	流速 $v = \sqrt{2g\Delta h}$ /$(\text{m} \cdot \text{s}^{-1})$	流管直径 d/ m	流管面积 S/ m^2	流量 Q/ $(\text{m}^3 \cdot \text{s}^{-1})$
d_1 处	1					
	2					
d_2 处	3					
	4					
d_3 处	7					
	8					
d_4 处	9					
	10					

2. 验证流体伯努利原理

$d_1 = $_____ ,$d_2 = $_____ , $d_3 = $_____ , $d_4 = $_____ , $h_4 = $_____ 。

表 3-1-2　验证流体伯努利原理数据记录表

流量 Q						
流管	静压强 p	静压头 $p/\rho g$	位压头 h	流速 $v = Q/\pi \left(\dfrac{d}{2}\right)^2$	动压头 $v^2/2g$	总压头
d_1 处						
d_2 处						
d_3 处						
d_4 处						

表 3-1-3　重复验证流体伯努利原理数据记录表

流量 Q						
流管	静压强 p	静压头 $p/\rho g$	位压头 h	流速 $v=Q/\pi\left(\dfrac{d}{2}\right)^2$	动压头 $v^2/2g$	总压头
d_1 处						
d_2 处						
d_3 处						
d_4 处						

【注意事项】

1. 实验前,进、出水阀调节应缓慢进行,并通过调节排气阀将管内气体排出。
2. 实验读数时,应待各测压管内液柱高度稳定后再进行。
3. 流管各处管径、流管高度由教师提供。
4. 数据记录及计算时,应注意单位的统一。

【思考】

1. 推导流管内流体流速计算公式 $v=\sqrt{2g\Delta h}$。
2. 同一流量下,流管内各处总压头会有较小地变化,分析造成这一变化的可能原因。

【附加内容】

文丘里流量计及皮托管测流速

1. 文丘里流量计

文丘里流量计,常用于测量液体在管道中的流量或流速。它是一节水平管,两头做得和管道一样粗,中间逐渐缩细,以保证定常流动。在不同截面管的下方装有 U 形管,管内装有水银,如图 3-1-4 所示。测量水平管道内的流量时,将流量计串接于管道中,根据水银面的高度差,即可求出流量或流速。

由连续性方程

$$v_1 S_1 = v_2 S_2$$

和伯努利方程

$$p_1 + \frac{1}{2}\rho v_1^2 = p_2 + \frac{1}{2}\rho v_2^2,$$

可解出流量

$$Q = v_1 S_1 = v_2 S_2 = S_1 S_2 \sqrt{\frac{2(p_1 - p_2)}{\rho(S_1^2 - S_2^2)}}。$$

$$(3-1-7)$$

所以测出压强差 $p_1 - p_2 = (\rho_0 - \rho)gh$,以及截面积 S_1 和 S_2,即可计算出管中液体的流量。其中 ρ_0 为水银

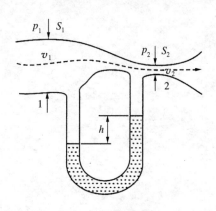

图 3-1-4　文丘里流量计

密度，ρ 为管道中流体的密度。

式(3-1-7)是理论值，在实际工程应用时，还需要根据具体情况进行修正。

2. 皮托管测流速

如图 3-1-5 所示的装置为皮托管的原理图。开口 A 迎向流体，开口 B 在侧壁，B 与 A 可视为在同一小平面上。流体在 A 处受阻，$v_A = 0$，这里叫做驻点。流速 v_B 近似等于待测流速 v。两开口分别通向 U 形管压强计的两端，根据两液面的高度差 h，即可求出流体的流速。

根据伯努利方程，对 A，B 两点，有

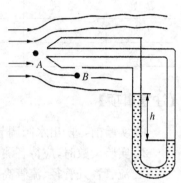

$$p_A = p_B + \frac{1}{2}\rho v_B^2, \qquad (3-1-8)$$

由 $p_A = p_B + \rho_0 gh$，即得

$$v_B = \sqrt{2\rho_0 gh/\rho}.$$

这就是待测流体的速度。在实际应用中，上式也需要修正。

皮托管常用于测量气体的流速。用皮托管来测流速，必须与流体接触，多少要影响到原来流体的状况，这是接触式仪器不可避免的缺点。随着激光技术的发展，已设计出各种非接触式的激光流速仪，在测量时不会影响流体的流动状况。它的测

图 3-1-5　皮托管测流速

量动态范围大、精度高，能够测出局部流速的瞬时值和流管截面内的流速分布，还可用于测量风洞空气的流速、火箭燃料的流速、飞机产生涡流时空气流速分布状况等，成为现代研究流体动力学的重要工具。

实验 3.2　太阳电池伏安特性研究

太阳电池(Solar Cells),也称为光伏电池,是将太阳光辐射能直接转换为电能的器件。由这种器件封装成太阳电池组件,再按需要将一块以上的组件组合成一定功率的太阳电池方阵,经与储能装置、测量控制装置及直流-交流变换装置等相配套,即构成太阳电池发电系统,也称为光伏发电系统。它具有不消耗常规能源、无转动部件、寿命长、维护简单、使用方便、功率大小可以任意组合、无噪音、无污染等优点。世界上第一块实用型半导体太阳电池是美国贝尔实验室于 1954 年研制的。经过 50 多年的努力,太阳电池的研究、开发与产业化已取得巨大进步。目前,太阳电池已成为空间卫星的基本电源和地面无电、少电地区及某些特殊领域(通信设备、气象台站、航标灯等)的重要电源。随着太阳电池制造成本不断降低,太阳能光伏发电将逐步地替代常规发电。近年来,在美国和日本等发达国家,太阳能光伏发电已进入城市电网。从地球上石化燃料资源的渐趋耗竭和大量使用石化燃料必将使人类生态环境污染日趋严重的战略观点出发,世界各国特别是发达国家对于太阳能光伏发电技术十分重视,将其摆在可再生能源开发利用的首位。因此,太阳能光伏发电必将成为 21 世纪的重要新能源。有专家预言,在 21 世纪中期,太阳光伏发电将占世界总发电量的 15% ～20%,成为人类的基础能源之一,在世界能源构成中占有越来越重要的地位。

【实验目的】

1. 了解太阳电池的工作原理及其应用;
2. 测量太阳电池的伏安特性曲线;
3. 测量太阳电池的输出功率与负载电阻的关系曲线。

【实验仪器】

太阳能光伏组件(功率为 4 W),辐射光源(300 W 卤钨灯),数字万用表,可变电阻,接线板等。

【实验原理】

1. 太阳电池的结构

以晶体硅太阳电池为例,其结构示意图如图 3-2-1 所示。晶体硅太阳电池以硅半导体材料制成大面积 PN 结进行工作。一般采用 N^+/P 同质结的结构,即在约10 cm×10 cm面积的 P 型硅片(厚度约为 500 μm)上用扩散法制作出一层很薄(厚度约 0.3 μm)的经过重掺杂的 N 型层。然后在 N 型层上面制作金属栅线,作为正面接触电极。在整个背面也制作金属膜,作为背面欧姆接触电极,这样就形成了晶体硅太阳电池。为了减少光的反射损失,一般在整个表面上覆盖一层减反射膜。

2. 光伏效应

如图 3-2-2 所示,当光照射在距太阳电池表面很近的结上时,只要入射光子的能量大于半导体材料的禁带宽度 E_g,则在 P 区、N 区和结区光子被吸收会产生电子-空穴对。那些在结附近 N 区中产生的少数载流子由于存在浓度梯度而要扩散。只要少数载流子离 PN 结的距离小于它的扩散长度时,就有一定的概率扩散到结界面处。在 P 区与 N 区交界面的两侧(即结区),存在一空间电荷区,也称为耗尽区。在耗尽区中,正负电荷间形成一电场,电场方向由 N 区指向 P 区,这个电场称为内建电场。这些扩散到结界面处的少数载流子(空穴)在内建电场的作用下被拉向 P 区。同样,如果在结附近 P 区中产生的少数载流子(电子)扩散到结界面处,也会被内建电场迅速拉向 N 区。结区内产生的电子、空穴对在内建电场的作用下分别移向 N 区和 P 区。如果外电路处于开路状态,那么这些光生电子和空穴积累在 PN 结附近,使 P 区获得附加正电荷,N 区获得附加负电荷,这样在 PN 结上产生一个光生电动势。这一现象称为光伏效应。

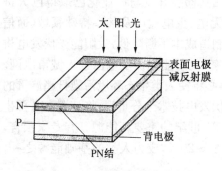

图 3-2-1 晶体硅太阳电池结构

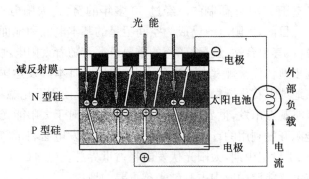

图 3-2-2 光伏效应原理

3. 太阳电池的表征参数

太阳电池是基于光伏效应工作的。当光照射硅光电池时,将产生一个由 N 区流向 P 区的光生电流 I_{ph}。同时,由于 PN 结二极管的特性,存在正向二极管电流 I_D,此电流方向从 P 区到 N 区,与光生电流相反,因此实际获得的电流为

$$I = I_{ph} - I_D = I_{ph} - I_0 \left[\exp\left(\frac{qU_D}{nk_BT} \right) - 1 \right]. \tag{3-2-1}$$

式中,U_D 为结电压,I_0 为二极管反向饱和电流;I_{ph} 是与入射光的强度成正比的光生电流,其比例系数与太阳电池的结构和材料特性有关;N 为理想系数,是表示 PN 结特性的参数,通常为 1~2;q 为电子电荷,k_B 为玻尔兹曼常数;T 为温度。

如果忽略太阳电池的串联电阻 R_s,U_D 即为太阳电池的端电压 U,则式(3-2-1)可写为

$$I = I_{ph} - I_0 \left[\exp\left(\frac{qU}{nk_BT} \right) - 1 \right]. \tag{3-2-2}$$

当太阳电池的输出端短路时,$U=0(U_D=0)$,由式(3-2-2)可得到短路电流为

$$I_{sc} = I_{ph}, \tag{3-2-3}$$

即太阳电池的短路电流等于光生电流,与入射光的强度成正比。当太阳电池的输出端开路时 $I=0$,由式(3-2-2)和式(3-2-3)可得到开路电压为

$$U_{oc} = \frac{nk_BT}{q} \ln\left(\frac{I_{sc}}{I_0} + 1 \right). \tag{3-2-4}$$

当太阳电池接上负载 R 时,所得负载伏安特性曲线如图 3-2-3 所示。

负载 R 可以从零到无穷大。当太阳电池的功率输出为最大时,它对应的最大功率为

$$P_m = I_m U_m, \tag{3-2-5}$$

式中,I_m 和 U_m 分别为最佳工作电流和最佳工作电压。

将 U_{oc} 与 I_{sc} 的乘积与最大功率 P_m 之比定义为填充因子 FF, 则

$$FF = \frac{P_m}{U_{oc}I_{sc}} = \frac{U_m I_m}{U_{oc}I_{sc}}, \qquad (3-2-6)$$

式中, FF 为太阳电池的重要表征参数, FF 愈大则输出功率越高。FF 取决于入射光强、材料的禁带宽度、理想参数、串联电阻和并联电阻等因素。

4. 太阳电池的等效电路

太阳电池可用 PN 结、二极管 D、恒流源 I_{ph}、太阳电池的串联电阻 R_s 和相当于 PN 结漏电流的并联电阻 R_{sh} 组成的电路来表示, 如图 3-2-4 所示。该电路为太阳电池的等效电路。由等效电路图可以得出太阳电池两端的电流和电压的关系为

$$I = I_{ph} - I_0 \left\{ \exp\left[\frac{q(U+R_s I)}{nk_B T}\right] - 1 \right\} - \frac{U+R_s I}{R_{sh}}。$$

$$(3-2-7)$$

为使太阳电池输出更大的功率, 必须尽量减少串联电阻 R_s, 增大并联电阻 R_{sh}。

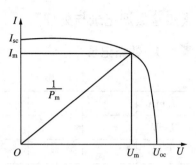

图 3-2-3　太阳电池的伏安特性曲线

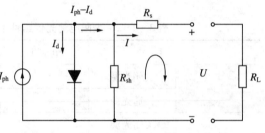

图 3-2-4　太阳电池的等效电路

【实验步骤】

1. 连接电路

将太阳能光伏组件, 数字万用电表, 负载电阻通过接线板连接成图 3-2-5 所示的回路。

2. 测量太阳电池光伏组件伏安特性曲线

(1) 测量太阳电池光伏组件 I 伏安特性曲线。辐射光源与太阳电池光伏组件的距离为 60 cm, 接通 S_3、S_4, 断开 S_1、S_2、S_5, 改变负载电阻 R, 测量流经负载的电流 I 和负载上的电压 U, 并测量负载电阻 R。将测量数据填在表 3-2-1 中。测量过程中辐射光源与光伏组件的距离要保持不变, 以保证整个测量过程是在相同光照强度下进行的。

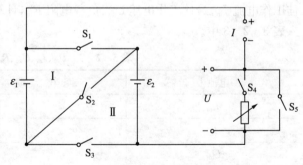

图 3-2-5　太阳电池光伏组件伏安特性连接电路

(2) 测量太阳电池光伏组件不同组合的开路电压 U_{oc} 和短路电流 I_{sc} (开关 S_1、S_2、S_3、S_4、S_5 的通断请学生自己设计)。将测量数据填在表 3-2-2 中。

【实验数据记录与处理】

1. 数据记录

表 3‑2‑1 太阳电池光伏组件伏安特性曲线数据记录

I/mA								$\cdots$
U/V								$\cdots$
R/Ω								$\cdots$
P/W								$\cdots$

注:测量取点不少于 20 个。

表 3‑2‑2 太阳电池光伏组件不同组合的短路电流 I_{sc} 和开路电压 U_{oc}

项 目		电池 I	电池 II	串联	并联
I_{sc}	关闭光源				
	接通光源				
U_{oc}	关闭光源				
	接通光源				

2. 数据处理

(1) 画出太阳电池光伏组件 I 伏安特性曲线。

(2) 计算负载电阻输出功率 P 填入表 3‑2‑1。

(3) 画出太阳电池光伏组件 I 在光照下,负载电阻输出功率 P 与负载电阻 R 的关系曲线。

(4) 画出太阳电池光伏组件 I 在光照下,负载电阻输出功率 P 与电流 I 的关系曲线。

(5) 根据以上数据,找出太阳电池光伏组件 I 负载电阻最大输出功率 P_m 以及所对应的最佳工作电流 I_m、最佳工作电压 U_m、负载电阻 R_m,计算填充因子 FF,并作分析比较。将数据填入表 3‑2‑3 中。

表 3‑2‑3 P_m、I_m、U_m、R_m、FF 数据记录

电池 I	串 联	并 联
P_m		
I_m		
U_m		
R_m		
FF		

(6) 分析表 3‑2‑2 中数据,并回答为什么无光照时 I_{sc} 和 U_{oc} 不为零。

【注意事项】

1. 辐射光源的温度较高,应避免与灯罩接触。

2. 辐射光源的供电电压为 220 V,应小心触电。

3. 测量负载电阻时必须断开电流。

4. 测量过程中辐射光源与光伏组件的距离要保持不变,以保证整个测量过程是在相同光照强度下进行的。

【思考】

1. 太阳能电池的输出与入射光照射瞬间有没有滞后现象？可否用实验证明。

2. 太阳能电池动态电阻与通常的电源内阻是否是同一概念？

3. 设计不同光照强度下,太阳电池光伏组件伏安特性曲线的测量方法。

4. 试总结太阳电池与普通电池的异同点。

实验 3.3   电表的改装与校准

电流计(表头)属于磁电式仪表,其主要结构及原理是将可转动的线圈置于永久磁场中,当电流流过线圈时,载流线圈在磁场中产生磁力矩,使线圈转动并带动指针偏转,线圈偏转角度的大小与线圈中通过的电流大小成正比,所以可由指针的偏转角度直接指示出电流值。

一般电流计只允许通过微安级(低等级的也有毫安级)的电流,因此只能直接测量较小的电流或电压,如果要用它来测量较大的电流或电压,就必须对它进行改装,以扩大其量程。改装而成的电表要用标准表进行校准,并确定其准确度等级。有些电表为了测量交流电流或交流电压,在表内还需配上整流电路。

【实验目的】

1. 了解电流计的主要结构和偏转原理,并会测量其主要参数;
2. 掌握将表头改装成安培表和伏特表的基本原理和方法;
3. 学会安培表和伏特表的校准方法,并会确定改装表的准确度等级;
4. 了解欧姆表的改装和定标规律。

【实验仪器】

电流计(表头),直流稳压电源,直流电流表(毫安级),直流电压表,电阻箱,滑线变阻器。

【实验原理】

1. 表头满偏电流 I_g 和内阻 R_g 的测量

要将表头改装成安培表和伏特表,必须知道表头的两个参数:使表头偏转到满刻度的满偏电流 I_g 和表头内阻 R_g。

(1) 满偏电流 I_g 的测量

测量原理如图 3-3-1 所示,通过滑动变阻器获得分压,待测表头 G 与标准微安表串联(若用 mA 级表头,则"标准表"相应地改用较高级别的 mA 表)。接通电路移动触头 C,使表头 G 指针偏转至满刻度,此时从标准微安表上读出的电流值即为 I_g。

(2) 表头内阻 R_g 的测量

表头内阻 R_g 的测量方法通常有两种:中值法和替代法。

测量原理分别如图 3-3-2 所示。

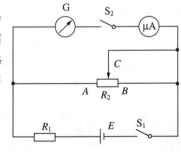

图 3-3-1   表头满偏电流 I_g 的测量

中值法:如图 3-3-2(a)所示,将被测电流计接在电路中,调节电路,使电流计满偏,同时用标准电流表测量电路中的总电流强度。再将可变电阻与电流计并联作为分流电阻,改变可变电阻的阻值及电源电压和 R_w,使被测电流计指针指示到中间值(半偏),同时保持标准电流表读数不变,根据并联电路性质,此时分流电阻值(可变电阻的阻值)就等于被测电流计的内阻。

替代法:如图 3-3-2(b)所示,将被测电流计接在电路中,用标准电流表测量电路中的总

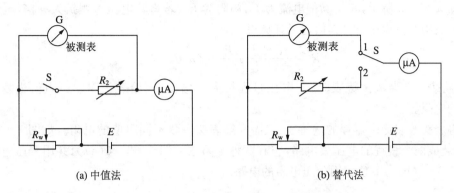

(a) 中值法　　　　　　　　　　　　(b) 替代法

图 3-3-2　表头内阻 R_g 的测量

电流强度,再用可变电阻替代被测电流计,保持电路中的电压、R_w 不变,调节可变电阻的阻值,使标准电流表指示至原来的电流值,此时,可变电阻的阻值即为被测电流计的内阻。

2. 将表头改装成安培表

表头的满偏电流很小,只允许通过微安级或毫安级的电流,若要测量较大的电流,需要扩大它的电流量程。

如图 3-3-3 所示,表头满偏电流为 I_g,内阻为 R_g,若将其电流量程扩大 n 倍,至 nI_g,则应给表头并联一电阻 R_s,其值通过计算得

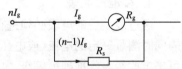

图 3-3-3　将表头改装成安培表

$$I_g R_g = (n-1) I_g R_s,$$

因此

$$R_s = \frac{R_g}{n-1}。\qquad (3-3-1)$$

即:将表头改装成安培表时,若电流量程扩大 n 倍,则应给表头并联一阻值为表头内阻 $1/(n-1)$ 的电阻。

若将表头改装成多量程的安培表,可将 R_s 分成适当数值的多个电阻串联而成,在相应点引出抽头,则可得到多量程安培表。如图 3-3-4 所示,是改装成两个量程的安培表电路,使用不同的量程接线,由于给表头并联的电阻大小不一样,所以改装表的量程也不一样。

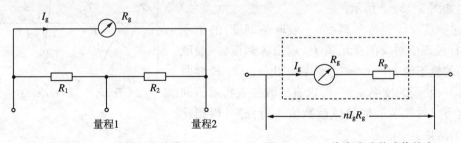

图 3-3-4　双量程安培表　　　　　图 3-3-5　将表头改装成伏特表

3. 将表头改装成伏特表

表头的电流量程为 I_g,内阻为 R_g,当用它来直接测量电压时,其电压量程 $U_g = I_g R_g$,一般是很小的,通常只有零点几伏,若要测量较大的电压,需要扩大它的电压量程。

如图 3-3-5 所示,表头满偏电流为 I_g,内阻为 R_g,若将其电压量程扩大 n 倍,至 nI_gR_g,则应给表头串联一电阻 R_p,其值通过计算得:

$$R_p = \frac{nI_gR_g - I_gR_g}{I_g} = (n-1)R_g。 \tag{3-3-2}$$

即,将表头改装成伏特表时,若电压量程扩大 n 倍,则应给表头串联一阻值为表头内阻 $n-1$ 倍的电阻。

若将表头改装成多量程的伏特表,只需要给表头串联不同阻值的电阻。如图 3-3-6 所示,是改装成两个量程的电压表电路,它有两种配阻法。图 3-3-6(a) 为共用分压电阻的电路,图 3-3-6(b) 为单独配用分压电阻的电路。

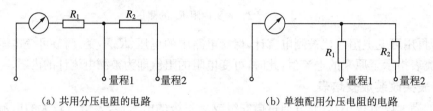

(a) 共用分压电阻的电路　　　　　　　(b) 单独配用分压电阻的电路

图 3-3-6　双量程伏特表

4. 校准改装表

经过改装后的电表必须进行校准。校准的方法是将改装表和一个准确度等级较高的标准表同时测量一定的电流(或电压),比较改装表的指示值和标准表的指示值相符的程度,最后也可确定改装表的准确度等级。以校准改装后的安培表为例,具体原理和方法如下:

（1）校准改装表的量程。按照设计要求,当改装表的指针指在满刻度处时,标准表的指针应正好指在预先设计的量程 I 处。但是,由于表头本身量程 I_g 和内阻 R_g 存在误差,导致 R_s 的理论值与实际要求不符,这就要求对分流电阻 R_s 进行微调,使改装表满偏时标准表指针指在设计量程 I 处。

（2）校准改装表的刻度。改装表在不同的刻度上,都存在一定的误差。可用改装表与标准表在全部刻度范围内逐点同时测量同一电流,并将其进行比较,画出"电表校准曲线",可以显示改装表全部刻度范围内各点的误差,如图 3-3-7 所示。

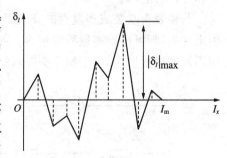

图 3-3-7　校准曲线

通过测量改装表各个刻度(一般取整刻度)的指示值 I_x 和标准表所对应的指示值 I_s,求出各刻度(一般取整刻度)的修正值 $\delta_I = I_s - I_x$,然后作出 I_x-δ_I 校准曲线。根据改装表的校准曲线,可以查出改装表指示值的偏差,就可以对改装表的具体读数值进行修正,得到比较准确的结果。

（3）确定改装表的准确度等级

电表的准确度等级反映电表的误差大小。要确定改装表的等级,首先要确定它的最大误差。改装表的最大误差 ΔI_{max} 为

$$\Delta I_{max} = \sqrt{|\delta_I|^2_{max} + \Delta I_s^2}。 \tag{3-3-3}$$

式中，$|\delta_I|_{\max}$ 是改装表与标准表读数差值的最大值，如图 3-3-7 所示。ΔI_s 是标准表的误差，ΔI_s＝标准表量程×标准表准确度等级百分数。

设改装表量程为 I_m，则改装表准确度等级 α 为

$$\alpha = \frac{\Delta I_{\max}}{I_m}。 \qquad (3-3-4)$$

例如：若 α＝0.87，由于 0.87 介于国家标准的 0.5 和 1.0 级之间。为可靠起见，应将改装表级别定低一些，即定为 1.0 级。

【实验步骤与方法】

1. 测定表头的满偏电流 I_g 和内阻 R_g

（1）按图 3-3-1 接线；

（2）调节电路，至表头满偏，此时标准微安表的读数就是表头的满偏电流 I_g；

（3）按图 3-3-2(b) 接线（替代法）；

（4）开关接 1，调节电路至表头满偏，读出标准微安表读数 I_g；

（5）开关接 2，调节变阻箱 R_2，使标准微安表示数为 I_g，此时 R_2 的阻值就等于被测表头的内阻。

2. 改装和校准安培表

本实验将量程为 100 μA 的表头改装成 5 mA 的安培表。

（1）根据表头量程 I_g、内阻 R_g 以及改装后安培表的量程，由式 $R_s = \dfrac{R_g}{n-1}$ 计算出分流电阻 R_s 的理论值，将电阻箱调节至 R_s，按图 3-3-3 接线，则表头与电阻箱共同构成了改装好的安培表。

（2）按图 3-3-8 连接改装安培表的校准电路。

（3）校准量程。对标准表和改装表先进行调零，将电源电压调到最小，接通电源，再逐渐增大电压，使改装表满偏，观察标准表示数是否为 5 mA，若不是，则微调变阻箱 R_s，使改装表满偏时标准表的示数正好为 5 mA，此时变阻箱读数 R_s' 为分流电阻的实际值。

（4）校准刻度。校准量程后，调节电源电压，使电流逐渐从大到小，然后再从小到大变化至满刻度，改装表每改变 1 mA，记下对应的标准表的读数 I_s，填入表 3-3-1 中。

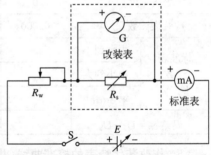

图 3-3-8 改装安培表的校准电路

（5）作校准曲线。根据标准表和改装表的对应数值，计算修正值 $\delta_I = I_s - I_x$，在坐标纸上作出 $\delta_I - I_x$ 校准曲线。

（6）通过计算确定改装表等级 α。

3. 改装和校准伏特表

本实验将量程为 100 μA 的表头改装成 5 V 的伏特表，其实验步骤和方法与改装和校准安培表相似，相关数据填入表 3-3-2 中。

【实验数据记录与处理】

1. 表头满偏电流(量程)及内阻:

量程 $I_g=$ _____ μA,内阻 $R_g=$ _____ Ω。

2. 改装与校准安培表。

表 3 - 3 - 1 改装与校准安培表

理论值 $R_s=$ Ω			实际值 $R_s'=$ Ω			
表头刻度/μA		0	20	40	60	80	100
改装表读数 I_x/mA		0.000	1.000	2.000	3.000	4.000	5.000
标准表读数 I_s/mA	由大到小						
	由小到大						
	平均值 $\bar{I}_s$						
误差 $\delta_I=\bar{I}_s-I_x$							

3. 作改装安培表的校准曲线,并计算改装安培表的准确度等级。

4. 改装与校准伏特表。

表 3 - 3 - 2 改装与校准伏特表

理论值 $R_p=$ Ω			实际值 $R_p'=$ Ω			
表头刻度/μA		0	20	40	60	80	100
改装表读数 U_x/V		0.000	1.000	2.000	3.000	4.000	5.000
标准表读数 U_s/V	由大到小						
	由小到大						
	平均值 $\bar{U}_s$						
误差 $\delta_U=\bar{U}_s-U_x$							

5. 作改装伏特表的校准曲线,并计算改装伏特表的准确度等级。

【注意事项】

1. 按图接线时,首先要确保电压调至最小值,开关处于断开状态,实验过程中,也要防止短路现象的发生,以免烧坏仪表。

2. 实验时应注意电压源的输出量程选择是否正确,改装电压表一般选择 0~10 V 量程,改装电流表一般选择 0~2 V 量程。

3. 按国家标准规定,仪表准确度等级分为 0.1、0.2、0.5、1.0、1.5、2.5、5.0 共 7 个级别。

【思考】

1. 在校准安培表和伏特表时,如果发现改装表与标准表读数相比偏高或偏低,应如何调节分流电阻或分压电阻?

2. 绘制校准曲线有何实际意义?

3. 改装表在校准前存在一定的误差,分析造成误差的原因。

【附加内容】

将表头改装成欧姆表

用来测量电阻大小的电表称为欧姆表。根据调零方式的不同,可分为串联分压式欧姆表和并联分流式欧姆表两种,其原理如图 3-3-9 所示。

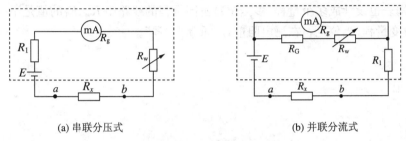

(a) 串联分压式　　　　　　　　　　(b) 并联分流式

图 3-3-9　欧姆表原理图

图中 E 为电源,R_1 为限流电阻,R_w 为调零电位器,R_x 为被测电阻,R_g 为表头内阻。图(b)中 R_G 与 R_w 一起组成分流电阻。

欧姆表使用前首先要调零,即 a、b 两点短路(相当于 $R_x=0$),调节 R_w 的阻值,使表头指针偏转至满刻度,此即为欧姆表的零点,与电流表和电压表的零点正好相反。

以串联分压式欧姆表为例,在图 3-3-9(a)中,当 a、b 端接入被测电阻 R_x 后,流过表头的电流为

$$I=\frac{E}{R_g+R_1+R_w+R_x}。$$

对于给定的表头和线路来说,R_g、R_1、R_w 一定,由此可见,当电源电压 E 保持不变时,被测电阻和电流值有一一对应关系。即不同的 R_x 值,流经表头的电流 I 也不同。R_x 越大,I 越小。

调零时,短路 a、b 两端,即 $R_x=0$ 时,有

$$I=\frac{E}{R_g+R_1+R_w}=I_g,$$

这时表头满偏。

当 $R_x=R_g+R_1+R_w$ 时,有

$$I=\frac{E}{R_g+R_1+R_w+R_x}=\frac{I_g}{2},$$

这时表头指针指向刻度中间位置(半偏)。

当 $R_x=\infty$(相当于 a、b 开路)时,$I=0$,表头指针指零刻度处。

由此可见,欧姆表的标度为反向刻度,并且刻度是不均匀的,电阻越大,刻度越密。如果表头的刻度预先按已知电阻值标注,就可以用表头直接测量电阻了,如图 3-3-10 所示。

并联分流式欧姆表利用对表头分流来进行调零,测量电阻的具体原理及标度方法与串联分压式欧姆表类似。

欧姆表在使用过程中电池的端电压会有所改变,而表头的内阻 R_g 及限流电阻 R_1 为常量,

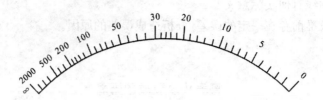

图 3 - 3 - 10 欧姆表刻度

故要求 R_w 要跟着 E 的变化而改变，以达到调"零"的要求。

实际欧姆表也设计成多个量程（多挡位），不同量程的线路中 R_w、R_1 的值是不一样的，这就要求，每次改变量程（挡位）后，在测电阻前，应重新调"零"。

实验 3.4 用电位差计测电动势

电位差计测电动势时,使用的方法是将未知电压与电位差计上的直流电压相比较。它不像伏特计那样需要从待测电路中分流,因而不干扰待测电路,测量结果仅仅依赖准确度极高的标准电池、标准电阻和高灵敏度的检流计。它的准确度可以达到 0.01% 或更高,是精密测量中应用最广泛的仪器之一。它不但可以精确地测定电压、电动势、电流和电阻等,还可以用来校准电表和直流电桥等直读式仪表,在非电参量(如温度、压力、位移和速度等)的测量中也占有重要的地位。

【实验目的】

1. 了解电位差计的结构、工作原理及操作方法;
2. 学会用电位差计测量电动势的方法。

【实验仪器】

UJ31 型电位差计,FB204/A 标准电池,AC5/2 检流计,滑动变阻器,双刀双掷及单刀双掷开关。

【实验原理】

1. 补偿法原理

补偿法是一种准确测量电动势(电压)的有效方法。如图 3-4-1 所示,设 E_0 为一连续可调的标准电源电动势(电压),而 E_x 为待测电动势。调节 E_0 使检流计 G 示数为零(即回路电流 $I=0$),则 $E_x = E_0$。上述过程的实质是,不断地用已知标准电动势(电压)与待测的电动势(电压)进行比较,当检流计指示电路中的电流为零时,电路达到平衡补偿状态,此时被测电动势与标准电动势相等,这种方法称为补偿法。这和用一把标准的米尺来与被测物体(长度)进行比较,测出其长度的基本思想一样,但其比较判别的手段有所不同,补偿法用示值为零来判定。

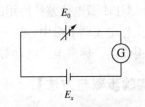

图 3-4-1 补偿法原理图

电动势连续可调的标准电源很难找到,那么怎样才能简易地获得连续可调的标准电动势(电压)呢? 简单的设想是:在一阻值连续可调的标准电阻上流过一恒定的工作电流,则该电阻两端的电压便作为连续可调的标准电动势。

2. 电位差计原理

电位差计就是一种根据补偿法思想设计的测量电动势(电压)的仪器。

图 3-4-2 是一种直流电位差计的原理简图,它由三个基本回路构成:

① 工作电流调节回路,由工作电源 E_0、限流电阻 R_P、标准电阻 R_N 和 R_x 组成;

② 校准回路,由标准电池 E_N、平衡指示仪 G、标准电阻 R_N

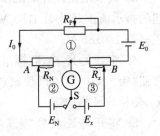

图 3-4-2 电位差计原理

组成；

③ 测量回路，由待测电动势 E_x，检流计 G，标准电阻 R_x 组成。

通过了解测量未知电动势 E_x 的两个操作步骤，可以清楚地理解电位差计的原理。

3. UJ31 型低电势直流电位差计

UJ31 型低电势直流电位差计的面板布置如图 3-4-3 所示。

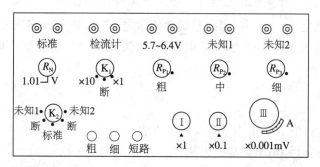

图 3-4-3   UJ31 型低电势直流电位差计面板示意图

UJ31 型电位差计面板上各端钮说明如下：

① 五组接线端钮（"标准"、"检流计"……）；

② 标准电池电动势的温度补偿盘 R_N；

③ 工作电流调节电阻盘 R_p（分为 R_{P_1}、R_{P_2}、R_{P_3}）；

④ 测量调节电阻盘Ⅰ、Ⅱ、Ⅲ，其中第Ⅲ盘带有游标尺 A；

⑤ 电位差计量程变换开关 K_1；

⑥ 标准回路和测量回路的转换开关 K_2；

⑦ 电键按钮（"粗"、"细"、"短路"）。

UJ31 型电位差计使用的电源是 5.7～6.4 V 的直流电源，其工作电流为 10 mA。它的三个工作电流调节盘中，第一个盘（R_{P_1}）是 16 点步进的转换开关，第二盘（R_{P_2}）和第三盘（R_{P_3}）均为滑线盘。标准电池电动势温度补偿盘 R_N 的补偿范围为 1.0180～1.0196 V。

【实验步骤与方法】

1. 按图 3-4-4 连好线路，把直流稳压电源 E（6 V 左右）、标准电池和检流计接入电位差计的接线柱上（先不要接通电源开关）。

2. 经教师检查线路后，方可接通电源开关。

3. 调节电位差计上的步进旋钮和微调旋钮，使两旋钮的指示值正好是 1.0186 V，因为标准电池 E_s 的电动势正好是 1.0186 V。

4. 将开关 K_2 接到"标准"，接通电源开关，依次按下按钮"粗"、"中"、"细"观察检流计的偏转，调节电阻箱 R_p，使检流计指向零。

5. 将开关 K_2 接到"未知 2"，调节电位差计的步进旋钮和微调旋钮，使检流计指示为零，此时，从电位差计刻

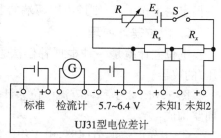

图 3-4-4   用电位差计测电动势

度盘上读出的值即为 E_x 的值。将数据记录在表 3-4-1 中。

6. 重复步骤 3～5,测量五次 E_x 取平均值。

7. 将仪器恢复原位。

【实验数据记录与处理】

将测量值记录在表 3-4-1 中,并计算结果。

表 3-4-1　电位差计测电动势

项　目 次　数	1	2	3	4	5	平均值
E_x/V						
$\Delta E_x/V$						

平均相对误差: $\dfrac{\overline{\Delta E_x}}{E_x} \times 100\% =$ _____ 。

结果: $E_x = \overline{E_x} + \overline{\Delta E_x} =$ _____ 。

【注意事项】

1. 测量时,必须先接通辅助电路,然后再接补偿回路。测量完毕必须先断开补偿回路,再断开辅助回路。

2. 标准电池和待测电池的正负极一定不要接错。

3. 标准电池只能短时间通过几微安电流,所以不可以用伏特计测量它的电动势。

【思考】

1. 使用标准电池时要注意什么问题?

2. 为什么用电位差计可以直接测量电池的电动势?

3. 为防止工作电流的波动,每次测电压前都应校准。并且测量时,必须保持标准的工作电流不变,即当 S_2 置"未知 1"或"未知 2"测量待测电压时,不能调节 R_P 的"粗"、"中"、"细"三个旋钮,为什么?

4. 电位差计校准好后,在测电动势时检流计不动或总向一个方向偏转,试分析可能的原因。

【附加内容】

标准电池简介

原电池的电动势与电解液的化学成分、浓度、电极的种类等因素有关,因而一般要想把不同电池做到电动势完全一致是困难的。标准电池就是用来当做电动势标准的一种原电池。实验室常见的有干式标准电池和湿式标准电池,湿式标准电池又分为饱和式和非饱和式两种。最常用的饱和式标准电池亦称"国际标准电池"。

1. 标准电池具有如下特点：

（1）电动势恒定，使用中随时间变化很小；

（2）电动势因温度的改变而产生的变化可根据专门的经验公式具体计算；

（3）电池的内阻随时间保持相当大的稳定性。

2. 使用标准电池要特别注意下列事项：

（1）流过标准电池的电流不得超过 1 μA，因此，不能使用一般的伏特计（如万用表）测量标准电池电压，使用标准电池的时间要尽可能短；

（2）绝不能将标准电池当一般电源使用；

（3）不能将标准电池倒置、横置或激烈震动。

实验 3.5 用电桥测量电阻

电阻是一种最基本的电路元件,电阻的测量是一种最基本的电学测量,测量电阻的方法很多,常用的方法之一就是利用电桥测量电阻。电桥测量电阻是在电桥平衡的条件下将标准电阻和待测电阻相比较以确定待测电阻的阻值,它具有测试灵敏、测量精确、使用方便等优点,这种测量方法被广泛用于工程技术测量中。

电桥可分为直流电桥和交流电桥,物理实验中介绍直流电桥。直流电桥又分为单臂电桥和双臂电桥,单臂电桥又称为惠斯通电桥,主要用于对中值电阻($1 \sim 10^5$ Ω)的测量;双臂电桥又称开尔文电桥,适用于对 1 Ω 以下低值电阻的精确测量。

本实验将介绍单臂电桥和双臂电桥,通过实验,同学们将掌握利用电桥平衡原理来测量电阻的方法,学会消除系统误差的基本方法,提高看电路图、分析电路图、独立正确连接电路以及排除实际电路故障的能力,同时通过实际观测,提高实验数据的处理能力。

Ⅰ. 用惠斯通电桥测电阻

惠斯通电桥是一种利用比较法精确测量电阻的方法电路,也是一种基本的电路连接方式。本实验通过让同学们自组惠斯通电桥,并测量三个不同数量级的电阻,以达到掌握该方法的目的。

【实验目的】

1. 掌握用惠斯通电桥测电阻的原理和方法;
2. 学习用交换测量方法消除系统误差。

【实验仪器】

电源,变阻器,开关(两个),QJ23 型箱式电桥,待测电阻和导线若干,AC5/2 型检流计,电阻箱(三个)。

检流计是一种重要的电学测量仪器,它除了用于测量微小电流或微小电压外,还常用于电位差计、电桥等仪器中作为探知等电位点的指零仪表。根据灵敏度的高低(或电流常数的大小),检流计大致可分为指针式和光点式两类。在实际测量中如果要求灵敏度不太高的情况下可以用指针式检流计,它的分度值一般为 1.1×10^{-4} A/格左右。如果要求灵敏度比较高时,可以用光点式检流计,它的分度值小于 5×10^{-9} A/格。以下主要介绍指针式检流计。

AC5/2 型直流指针式检流计属于磁电式结构,需要水平放置。如果仪器略有倾斜对测量影响也不大。为了使检流计的测量机构不受外界污垢或其他杂质的影响,把检流计的全部测量机构装在胶木壳里,并且密封严密,这样对检流计可起到很好的保护作用。

检流计的活动部分用短路阻尼的方法制动,这样可防止可动部分、张丝等因机械振动而引起变形,当小旋钮移向红色圆点位置时,线圈即被短路。在指针不指零点时,面板上零点调节旋钮可以将其调到零点。面板上(如图 3-5-1)标出的"+"、"-"是两个接线柱,另外还有"电计"及"短路"两个按钮。在测量中按下电计按钮,检流计被接入电路,如需将检流计长时间接入电路时,可将电计按钮按下后,旋转一角度即可。若在使用过程中检流计指针不停地摆动时,将短路按钮按一下,指针便立即停止摆动,使用起来特别方便灵敏。

电阻箱在电路中用符号"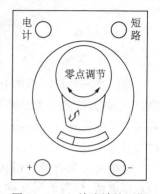"表示。

图 3-5-1   检流计的面板

转盘式电阻箱是可变电阻的一种,它的电阻数值比较准确,并可从箱上直接读出。其中一种电阻箱的外形如图 3-5-2 所示。

(1) 电阻箱的结构

电阻箱是将一系列电阻按照一定的组合方式连接在特殊的交换开关装置上构成的。利用电阻箱可以在电路中准确地调节

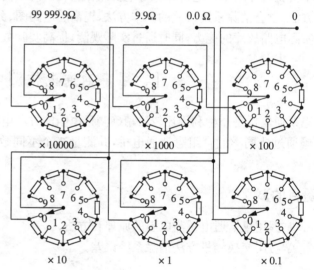

图 3-5-2   电阻箱及其结构

电阻值。如上图为实验室用的电阻箱的实物图。箱面上有 4 个接线柱和 6 个旋钮,每个旋钮旁边标有 0～9 一组数字。在每个转盘旁边的面板刻有一个箭头(或白点),并注有"×0.1"、"×1"等数字(也称倍率)。使用时,根据需要的电阻值分别将导线接在"0"和"0.9 Ω"或"0"和"9.9 Ω"或"0"和"99999.9 Ω"上。并使各转盘上需要的数值对准箭头(或白点)。若只需 0～0.9 Ω(或 9.9 Ω)的阻值变化,则将导线接到"0"和"0.9 Ω"(或"0"和"9.9 Ω")两接线柱上,这种接法可以避免电阻箱其余部分的接触电阻和导线电阻对低阻值测量带来的不可忽视的影响。而且电阻箱各挡电阻允许通过的电流是不同的。

转盘式电阻箱的内部是一套由锰铜线绕成的标准电阻,旋转电阻箱上的旋钮可以得到不同的电阻值,它的原理如上图所示,图中箭头为旋钮所在位置。

(2) 电阻箱主要技术指标

① 总电阻:电阻箱能提供的最大电阻。这时电阻箱上各个旋钮都放在最大值位置,即该电阻箱的调节范围为 0～99999.9 Ω,间隔为 0.1 Ω。

② 零值电阻:具体值见铭牌。

③ 额定电流:电阻箱允许的最大电流,与所用旋钮挡有关。

④ 准确度级别:若电阻箱为 0.1 级,则电阻箱的相对不确定度 $\frac{u_R}{R_m} \leqslant 0.1\%$,因而 $u_R = R_m \times 0.1\%$,这里,应注意电阻箱的准确度级别与电表不同,各旋钮的精度等级也不同(参看具体实验)。

(3) 注意事项

① 通过电阻箱的电流不能大于额定电流。额定电流 $I = \sqrt{\frac{P}{R}}$,P 为额定功率,R 为某挡中的电阻。

② 在使用电阻箱时,要特别注意防止电阻箱发生电阻突变(即转盘从 9 到 0),引起电路中电流的较大变化,若不注意,可能会损坏其他仪表。

【实验原理】

1. 自组惠斯通电桥

惠斯通电桥电路如图 3-5-3 所示。

标准电阻 R_1,R_2,R_0 和待测电阻 R_x 组成四边形,每一边称为电桥的一个桥臂;对角线 a 和 b 之间接检流计 G,该路段称为"桥",用于检验 a、b 两点之间有无电流流过;对角线 c 和 d 之间与直流电源连接。以上电路结构构成自组式惠斯通电桥。

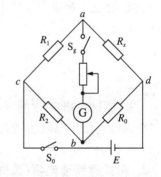

当开关 S_0 和 S_g 接通后,检流计 G 支路起了沟通 cad 和 cbd 两条电路的作用,适当调节电阻 R_1,R_2 和 R_0,使"桥"上没有电流通过,检流计 G 显示电流 $I_g = 0$,这时 a、b 两点间的电势相等,称之为电桥平衡。

图 3-5-3 惠斯通电桥电路

电桥平衡状态,设 cad 和 cbd 支路中的电流分别为 I_1、I_2,由于 c、a 和 c、b 之间的电势差相等,a、d 和 b、d 之间的电势差相等,根据欧姆定律得

$$I_1 R_1 = I_2 R_2,\ I_1 R_x = I_2 R_0。$$

两式相除得

$$\frac{R_1}{R_2} = \frac{R_x}{R_0}。 \tag{3-5-1}$$

式(3-5-1)称为电桥平衡条件,由此式得

$$R_x = \frac{R_1}{R_2} R_0 = CR_0。 \tag{3-5-2}$$

式中 $C = R_1/R_2$ 称为比率系数,由此式可见已知标准电阻 R_1,R_2,R_0 阻值,就可以得到待测电阻阻值 R_x。为描述方便,我们通常将四边形中 R_1/R_2 称为比率臂,R_0 称为比较臂。

调节电桥平衡的方式一般有两种:一种方法是先选定比率臂 R_1/R_2 的数值,只调节比较臂 R_0 的电阻,使电桥达到平衡;另一种方法是选定比较臂 R_0 的阻值不变,调节比例臂的比值从而使电桥达到平衡。第一种测量方法精确度较高,是实际测量中常用的方法。

因为电桥的平衡与电流的大小无关,故对电源的稳定性要求不高。又因为电桥是将未知电阻与标准电阻相比较以确定未知电阻是标准电阻的多少倍,因此标准电阻的准确度直接影

响待测电阻的准确度,它所引起的误差属于系统误差,现在我们将采用适当的方式消除此系统误差。从式(3-5-2)可看出,处于平衡的电桥,待测电阻 R_x 的准确度取决于 R_0 和 R_1/R_2 的准确程度。实验中我们保持 R_1 和 R_2 的位置不变,将 R_x 和 R_0 的位置相互交换,再调节 R_0 使电桥平衡。设后来电桥平衡时比较臂电阻的读数为 R_0',则有

$$R_x = (R_2/R_1)R_0'。 \tag{3-5-3}$$

联立式(3-5-2)和式(3-5-3),可得

$$R_x = \sqrt{R_0 R_0'}。 \tag{3-5-4}$$

由于(3-5-4)式中 R_x 与 R_1 和 R_2 无关,因此消除了因为 R_1 和 R_2 的数值不准而引入的系统误差,使得误差的主要来源就只有 R_0 了。这种将测量中的某些元件互相交换位置,从而抵消系统误差的方法,称为交换法,这是处理系统误差的基本方法之一。

在忽略系统和检流计灵敏度所引起的不确定度后,待测电阻 R_x 不确定度由 R_0 和 R_0' 电阻的基本不确定度引起,因此有

$$\Delta R_x = \frac{1}{2}(\Delta R_0 + \Delta R_0'), \tag{3-5-5}$$

式中 ΔR_0 和 $\Delta R_0'$ 为电阻箱的不确定度。若电阻箱的不确定度设为 ΔR,则有

$$\Delta R = R \times E, \tag{3-5-6}$$

其中

$$E = \left(a + b\frac{m}{R}\right) \times 100\%。 \tag{3-5-7}$$

a 为电阻箱的准确度等级,b 为与 a 有关的系数,m 为两引线端钮间实际使用的总转盘数。第二项误差是由于电阻箱转盘的接触电阻引起的。如取 $a=0.1$,则 $b=1$(查看电阻箱上铭牌)。

2. 箱式惠斯通电桥(选做)

将组成惠斯通电桥的各种元件组装在一个箱子里,成为一个便于携带、使用方便的箱式电桥。QJ-23 型箱式电桥是实验室广泛应用的一种箱式电桥,其原理与同学们自组惠斯通电桥的原理相同,箱内基本线路与图 3-5-3 相同,只是引出一些必要的接线柱,使测量方便。

如图 3-5-4,箱式惠斯通电桥的比例臂电阻 R_1/R_2 由一个旋钮调节,共分 0.001、0.01、0.1、1、10、100、1000 七挡,调节该旋钮可以改变比例臂 R_1/R_2 的比值。比较臂电阻 R_0 是一个四旋钮的电阻箱,其最小改变量为 1 Ω,调节该电阻箱的阻值可以改变比较臂 R_0 的阻值。标有"R_x"的两接线柱是用来连接待测电阻的,采用与自组电桥调节电桥平衡一样的方法可使箱式电桥达到平衡。

箱内检流计有三个接线柱,分别标有"内接"、"G"和"外接"字样。使用时若利用它配备的铜片把"外接"和"G"两接线柱短路,就将箱内检流计接入桥路。使用完毕,要用铜片将"内接"和"G"两接线柱短路以保护检流计。电键(按钮)B 和 G 相当于图

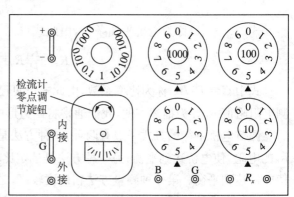

图 3-5-4　箱式惠斯通电桥

3-5-3 中的 S_g 与 S_0。如只用内部的 4.5 V 电源,外接电源接线柱"＋"和"－"应当用铜片短路;如用外接电源,应将铜片除去,把外电源接在"＋"和"－"接线柱上和箱内的 4.5 V 电源串联使用。

【实验步骤与方法】

1. 自组电桥测电阻

(1) 熟悉检流计、万用表、电阻箱的使用方法及注意事项。

(2) 熟悉原理图,在理解的基础上根据实验原理正确选择元件,按照原理正确接线(不能采用死记硬背的机械式按图接线)。注意:① 找准 a、b 点和 c、d 点,正确地接入 R_1、R_2、R_0、R_x 以及其他元件;② 电路接线简洁、便于检查;③ 接线后需通过教师检查方可测量;④ 数据测量结束须经教师检查、同意方可拆掉线路。

(3) 选择待测电阻 R_{x_1},根据要求调整比率臂的比率(即 R_1/R_2),本实验要求 $R_1:R_2$ 分别为 500:500 和 50:500。分别取不同的电阻,按不同的比率臂的比率,根据被测电阻的大致数值(可参看标称值或用万用电表粗测),估计 R_0 的大小,调好 R_0 阻值的大小,保护电阻(滑动变阻器)取最大值。

(4) 先合上电源开关 S_0 接通电源,再连接桥路开关,观察检流计平衡情况(打开检流计指针锁定拨扭,进行零点调节,测量时使用"电计"按钮,使用后一定要将指针锁定),调节 R_0 减小检流计偏转。合上开关 S_g,逐步减少 R_0 的阻值并仔细调节 R_0,使得检流计的指针逐步至居中,读出 R_0,记录在相应的表格中。根据以上步骤分别对另外两个不同数量级的待测电阻 R_{x_2}、R_{x_3} 进行测量和记录。

调节 R_0 的旋钮时应从大到小。当大阻值的旋钮转过一格,检流计的指针从一边越过零点偏到另一边时,说明阻值改变范围过大,应调节较小阻值的旋钮。

(5) 交换 R_x 和 R_0 的位置,重复上述过程,调节电桥平衡,读出 R_0',记录在表格中。

(6) 根据电阻箱的准确度等级确定的 R_0 和 R_0' 的不确定度,进而由不确定度公式确定 R_x 的不确定度。

2. 用箱式电桥测电阻(选做)

(1) 平放电桥,根据内部线路图接好电源连接片和检流计连接片。

(2) 在 R_x 两接线柱间,接上被测电阻。

(3) 根据被测电阻的大致数值,选择合适的比率臂,并估计 R_0 的大小。

(4) 用跃接法按下电源开关 B 和检流计开关 G,反复调节 R_0 使检流计平衡,由 $R_x = CR_0$ 求出 R_x。

(5) 用同样的步骤测出三个电阻,结束后必须断开"B"和"G"。

在正常情况下使用箱式电桥时,测量电阻的最大允许误差为:

$$\Delta R_x = C(aR_0 + b\Delta R), \tag{3-5-8}$$

其中 C 为箱式电桥的比率系数,R_0 为比较臂的示值,ΔR 是最小步进值或分度值,a 是准确度等级,b 是固定系数,是与 a 有关的常数。当 a 为 0.01 和 0.02 时,b 为 0.03;当 a 为 0.05 时,b 为 0.2;当 a 为 0.1、0.2、0.5 和 1 时,b 为 1。对 QJ-23 型电桥,有 $a=0.2$,$b=1$。

注意:为保证待测电阻 R_x 有 4 位有效数字,比较臂 R_0 的四个旋钮均应用上。如四个旋钮都调到最大,电桥仍不平衡,则应增大比率的值;如只用了三个旋钮,则应减小比率。

【实验数据记录与处理】

1. 自组惠斯通电桥测量电阻

电阻箱准确度等级 $a=$ _____。

表 3-5-1　惠斯通电桥测量电阻数据记录表

比率 C	$R_1:R_2=500\ \Omega:500\ \Omega$				$R_1:R_2=50\ \Omega:500\ \Omega$			
阻值/Ω	R_0	R_0'	R_x	ΔR_x	R_0	R_0'	R_x	ΔR_x
R_{x_1}								
R_{x_2}								
R_{x_3}								

计算 $\bar{R}_x$ 及其不确定度。

2. 箱式惠斯通电桥测电阻

仪器型号_____，准确度等级 $a=$ _____。

表 3-5-2　用箱式电桥测电阻数据记录表（选做）

	R_{x_1}	R_{x_2}	R_{x_3}
比率 C			
R_0/Ω			
R_x/Ω			
$\Delta R_x=C(aR_0+b\Delta R)$			

【注意事项】

1. 在本实验的仪器中为保护检流计应注意：① 在正确的比率下调节 R_0 时，当发现检流计指针迅速偏转到满刻度时，应立即松开检流计按钮开关"B"和"G"；② 在使用按钮开关时，应用手指压紧开关，不要"旋死"，按下"B"和"G"开关的时间不能太长。

2. 实验结束后，应检查检流计各旋钮开关是否均已松开，再关闭电源，否则会损坏电源。

【思考】

1. 惠斯通电桥由哪几部分组成？电桥平衡的条件是什么？电桥测电阻时，若比率臂的比率选择不好对测量结果有哪些影响？用箱式电桥测电阻时，若被测电阻大约是 $10^5\ \Omega$，比率 C 取多少？为什么？

2. 若惠斯通电桥中有一个桥臂断开（或短路），电桥是否能调到平衡状态？如实验中出现该故障，则调节时会出现什么现象？

3. 电桥电路连接无误，合上开关调节比较臂电阻，① 若无论如何调节，检流计指针都不动，电路中什么地方可能有故障？ ② 若无论如何调节，检流计指针始终向一边偏转，电路中什么地方可能有故障？

4. 实验用交换法的目的是什么，交换法又是怎样达到目的的？

Ⅱ. 用直流双臂(开尔文)电桥测电阻

电阻按阻值大小可分为高值电阻(100 kΩ 以上)、中值电阻(1 Ω～100 kΩ)和低值电阻(1 Ω 以下)三种。一般情况下,导线本身及接点处引起的电路附加电阻在 0.1 Ω 左右,这样在测低值电阻时就不能把它忽略掉。惠斯通单臂电桥可以用来比较精确地测量中值电阻,但由于附加电阻(导线电阻、接触电阻)的影响,就无法精确测量低值电阻。直流双臂电桥通过专门设计,巧妙地消除了附加电阻对测量结果的影响,因而可用来精确测量低值电阻。

【实验目的】

1. 了解四端接线法消除附加电阻影响的原理;
2. 掌握双臂电桥的结构特点及测量低值电阻的工作原理;
3. 掌握使用双臂电桥测量低值电阻的方法;
4. 学会测量导体的电阻及导体材料的电阻率。

【实验仪器】

SB82 滑线式直流双臂电桥,JWY 型直流稳压电源(5 A、15 V),电流表(5 A),滑动变阻器,灵敏电流计,待测金属棒(铜棒、铝棒),螺旋测微器。

【实验原理】

1. 附加电阻对低值电阻测量结果的影响

用伏安法测量电阻 R_x,电路如图 3-5-5(a)所示,考虑到电流表、毫伏表与待测电阻之间的接触电阻后,等效电路如图 3-5-5(b)所示,由于毫伏表内阻 R_g 远大于接触电阻 r_1'、r_2',因此 r_1' 和 r_2' 对毫伏表所测得的电压值的影响可忽略不计。根据欧姆定律 $R=U/I$ 计算所得的电阻是 $R_x+r_1+r_2$,当待测电阻 R_x 小于 1 Ω 时,显然接触电阻 r_1、r_2 对测量结果的影响就不可忽略了。

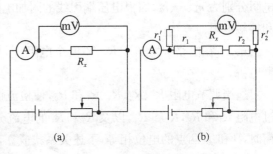

图 3-5-5　伏安法测电阻

为了消除接触电阻对测量结果的影响,将低值电阻 R_x 以四端接法接入电路,如图3-5-6(a)所示,其等效电路如图 3-5-6(b)所示,此时电压端接触电阻 r_1'、r_2' 远小于毫伏表内阻 R_g,可忽略不计。电流端接触电阻 r_1、r_2 对测量结果不产生影响,则 $R_x=U/I$,直流双臂电桥采用的就是四端接法。

2. 直流双臂电桥工作原理

直流双臂电桥为了消除电流端、电压端的附加电阻(接触电阻、导线电阻),一是采用四端接法,二是在原单臂电桥基础上增加了一组桥臂 R_3、R_4,图 3-5-7(a)为 SB82 滑线式直流双臂电桥电路图,图 3-5-7(b)为直流双臂电桥等效原理图。

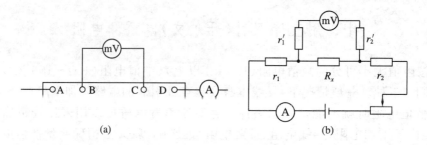

图 3-5-6　四端接法

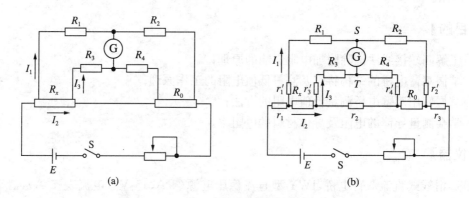

图 3-5-7　滑线式直流双臂电桥原理图

直流双臂电桥有两大特点：

第一,待测电阻 R_x 和比较臂电阻 R_0 都采用四端接法接入电路。三根电流端引线的附加电阻分别为 r_1、r_2、r_3,四根电压端引线的附加电阻分别为 r_1'、r_2'、r_3' 和 r_4',它们都包括导线电阻和接触电阻。

第二,在电路中增加了 R_3、R_4 两个电阻,即多了一组桥臂。由于有两组桥臂,所以称为双臂电桥。

适当调节电阻 R_1、R_2、R_3、R_4 和 R_0,使检流计 G 中没有电流流过,电桥达到平衡。此时流过电阻 R_1 和 R_2,R_3 和 R_4,以及 R_x 和 R_0 的电流分别相等,设分别为 I_1、I_3 和 I_2,当双臂电桥平衡时,S 和 T 两点的电位相等,下述关系式成立,即

$$I_1 r_1' + I_1 R_1 = I_2 R_x + I_3 r_3' + I_3 R_3, \tag{3-5-9}$$

$$I_1 R_2 + I_1 r_2' = I_3 R_4 + I_3 r_4' + I_2 R_0. \tag{3-5-10}$$

为了使附加电阻 r_1'、r_2'、r_3' 和 r_4' 的影响可以忽略不计,在双臂电桥电路设计中要求桥臂电阻 R_1、R_2、R_3 和 R_4 足够大,即 $R_1 \gg r_1'$,$R_2 \gg r_2'$,$R_3 \gg r_3'$ 和 $R_4 \gg r_4'$;同时,C 和 D 的连接采用一条粗导线,使得附加电阻 r_2 很小,以满足 $I_2 \gg I_1$ 和 $I_2 \gg I_3$ 的条件。于是,式(3-5-9)和式(3-5-10)可简化为

$$I_2 R_x = I_1 R_1 - I_3 R_3, \tag{3-5-11}$$

$$I_2 R_0 = I_1 R_2 - I_3 R_4. \tag{3-5-12}$$

以上两式相除得

$$\frac{R_x}{R_0}=\frac{R_1\left(I_1-I_3\dfrac{R_3}{R_1}\right)}{R_2\left(I_1-I_3\dfrac{R_4}{R_2}\right)}。 \tag{3-5-13}$$

在设计双臂电桥时,设法使 4 个桥臂电阻满足下面的关系式,即

$$\frac{R_1}{R_3}=\frac{R_2}{R_4},$$

则式(3-5-13)可以简化,从而得到双电桥的平衡条件为

$$R_x/R_0=R_1/R_2$$

或

$$R_x=\frac{R_1}{R_2}R_0=\frac{R_3}{R_4}R_0, \tag{3-5-14}$$

式中,R_1/R_2(或 R_3/R_4)称为电桥桥臂比例(或称为倍率)。

由式(3-5-14)可知,待测电阻 R_x 等于电桥桥臂比例与比较臂电阻 R_0 的乘积。

综上所述可见,由于运用了如下三项有效措施,使得双臂电桥能够消除或减小附加电阻对测量低值电阻的影响。

(1) R_x 和 R_0 都采用了四端接法,转移了附加电阻(包括导线电阻与接触电阻)的相对位置,使得附加电阻不再与低值电阻 R_x 和 R_0 相串联,消除了它们对测量的影响。

(2) 桥臂电阻分别比相应的附加电阻 r_1'、r_2'、r_3'、r_4' 大得多,从而可以将附加电阻忽略不计。

(3) R_x 与 R_0 采用足够粗的导线连接,使得附加电阻 r_2(又称跨线电阻)很小;又由于 4 个桥臂电阻 R_1、R_2、R_3、R_4 比 R_x、R_0 要大得多,于是,当双臂电桥平衡时,桥臂电流 I_1 和 I_3 必然比流过 R_x 和 R_0 的电流 I_2 小得多。这样,附加电阻 r_1'、r_2'、r_3' 和 r_4' 的电压降与 4 个桥臂电阻以及 R_x、R_0 上的电压降相比小得多,因而可以忽略不计。

电桥的倍率 R_1/R_2 或 R_3/R_4 在接线柱上直接标出,标准电阻 R_0 可以在仪表板上直接读出,将倍率与 R_0 相乘,即可得到被测电阻 R_x 的阻值。

【实验步骤与方法】

1. 滑线式直流双臂电桥面板接线如图 3-5-8 所示。

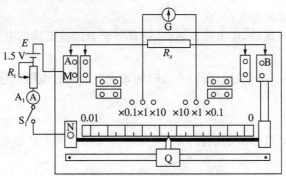

图 3-5-8　滑线式直流双臂电桥面板接线示意图

2. 使用方法:

(1) 将被测电阻 R_x 按图 3-5-8 所示的接线法紧夹在接线柱 A、B 之间,电压接点紧压在

R_x 之下。

(2) 估计被测电阻的阻值,将检流计 G 接在相应倍率的两接线柱之间。

(3) 将电流计调整到零位。

(4) 按图 3 - 5 - 8 所示的接线方法在电流接头 M、N 之间接直流稳压电源 E 的电压输出端,滑线变阻器 R_t,安培表 A_1。

(5) 接通电源并调节限流电阻 R_t,使电流在 1 A 左右,接通检流计开关,调节滑动接触片 Q 使检流计重新回到零位(即电桥平衡)。

(6) 继续调节限流电阻 R_t 使电流逐步增大到 2 A 左右,同时调节接触片 Q 使检流计回到零位(即保持电桥平衡),则被测电阻阻值为

$$R_x = \frac{R_1}{R_2} R_0 = K R_0 \text{。}$$

式中,K 为倍率,从倍率接线柱上直接读出;R_0 为比较电阻,从滑动接触片的位置可以直接读出其阻值。

(7) 记录被测电阻的阻值并填入表 3 - 5 - 3。

(8) 测出被测电阻丝的截面直径 d 以及电阻丝长度 L,记录入表中并计算导体的电阻率。

【实验数据记录与处理】

表 3 - 5 - 3　滑线式双臂电桥测量电阻数据记录表

待测量 导　体	d/mm	L/cm	倍率 K	R_0/Ω	R_x/Ω
铜					
铝(铁)					

由表计算可得铜的电阻率为_____,铝(铁)的电阻率为_____。

【注意事项】

1. 实验中必须保证接头干净、接牢;

2. 为对检流计进行保护,应串接变阻器,待调节至流经检流计的电流较小时,再将变阻器阻值调为零;

3. 回路电流不可长时间接通,以防止长时间较大电流流过电阻而造成阻值的不稳定。

【思考】

1. 双臂电桥与单臂电桥的用途有何不同? 前者是如何消除接触电阻和接线电阻对测量结果的影响的?

2. 实验中,R_x 和 R_0 接线柱处有接触电阻,两者之间有接线电阻,可用什么方法减小其影响?

3. 为什么中值电阻用单臂电桥测量,结果就相当准确了? 技术上有哪些测量各种大小电阻的方法?

实验 3.6 补偿法测量电阻

在测量过程中,由于各种原因,实验所需要满足的条件往往会受到破坏,因此降低了测量的精度。在采用伏安法测量电阻的过程中,由于电压表分流和电流表分压的影响,会给测量电阻带来误差,这时,可通过采用某种手段来消除或减弱测量状态受到的影响,从而大大提高测量精度,其中一种方法为补偿法。补偿法在高精密测量和自动控制系统中有着广泛的应用。补偿法可分为电压补偿法和电流补偿法,电位差计是电压补偿的典型应用。本实验讲述用补偿原理来测量电阻的方法。

【实验目的】

1. 学会正确使用电流表、电压表、检流计、电阻箱和变阻器等仪器;
2. 学会用补偿法测电阻。

【实验仪器】

C31－A 型安培表(量程 7.5 mA～3.0 A,共 12 挡),C31－V 型伏特表(量程 45 mV～6.00 V,共 10 挡),AC5/2 型检流计,电阻 R_0(100 Ω 滑线变阻器),R_x(由电阻箱提供),R_3(4.7 kΩ,多圈电位器),电源(直流 3 V 电源)。

【实验原理】

我们可以用电压表粗略地测量电源电动势,如图 3－6－1 所示,但由于电压表的内阻不是无穷大,而电源又存在内阻,因此,电压表指示的是电源的端电压,而不是电源电动势。若要准确地测量电源电动势,必须在没有电流通过电源的情况下,测出电源两端的电压。利用电压补偿法就能达到上述要求。电压补偿法测电源电动势的原理如图 3－6－2 所示,其中,E_x 是待测电动势的电源,E_0 是电压可调的电源,两者的极性接成对抗的形式,G 为检流计。调节 E_0,使检流计指零,这里必有

$$E_x = E_0。$$

此时,E_x 与 E_0 大小相等,极性相反,因而互相补偿,也称电路处于补偿状态。

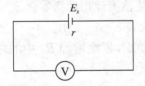
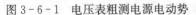

图 3－6－1 电压表粗测电源电动势

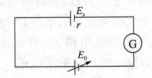

图 3－6－2 电路处于补偿状态

如图 3－6－3 电路图所示,调节 R_3 使检流计 G 无电流通过(指针指零),这时电压表指示的电压值 U_{bd} 等于 R_x 两端的电压 U_{ac},即 b,d 之间的电压补偿了 R_x 两端的电压,清除了电压表内阻对电路的影响。

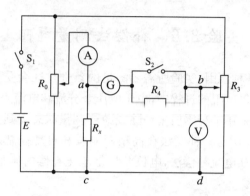

图 3-6-3　补偿法测电阻原理图

在一定温度下,直流电通过待测电阻 R_x 时,用电压表测出 R_x 两端的电压 U,用电流表测出通过 R_x 的电流 I,则电阻值可表示为:$R_x = U/I$。

补偿法测电阻的优点是电路简单,实用性强。电路中的元件和仪表都是常用器件,并且滑动变阻器和电阻箱的阻值是否准确均不会影响被测电阻的测量值,从而对电阻器件的选择降低了要求。补偿法测电阻的电路调节也方便,电路通过粗调和细调的设计,既可以提高测量的速度,又可以保护检流计,这是电桥法测量电阻时很难做到的。该方法的测量灵敏度只取决于各测量仪表的灵敏度,与电路本身的参数无关,在现有的实验设备和有限的误差范围内,利用补偿法测电阻是一种非常有效的方法。

【实验步骤与方法】

1. 按图 3-6-3 的电路图布置并接好导线。

2. 对实验室给定的待测电阻,按以下步骤选取电表量程。

(1) 将稳压电源的输出电压调到 3 V;

(2) 移动滑线变阻器 R_0 的滑动端,使下端大于 $R_0/3$;

(3) 由大到小试探着先取电流表量程,直到电流示值大于量程的 1/3。

3. 调节 R_3,使 U_{bd} 达到补偿状态。

(1) 粗调:确认 S_2 断开,断续接通检流计的"电极"(若指针超出量程就立即松开),并试探着调节 R_3,使检流计指针偏转逐渐减小,直至接近零;

(2) 细调:合上 S_2,以提高检测灵敏度,仔细调节 R_3,使检流计指针指零。

4. 记录下此时电压表的示值 U,电流表的示值 I,填入表 3-6-1 中。

5. 重复测量:断开电键 S_2,移动滑线变阻器 R_0 的滑动端,依次增加 R_x 中的电流 I,重复步骤 3、4,再测量 4 组 U,I 的对应值。

【实验数据记录与处理】

电压表量程 $U = 3$ V,级别为 0.5;电流表量程 $I =$ _____,级别为 _____。

表 3-6-1　电压、电流数据记录表

项目 \ 次数	1	2	3	4	5	平均
U/V						
I/mA						
R/Ω						

【注意事项】

1. 测量前要预估待测电压的值。

2. 保护开关 S 有"粗调"、"细调"两挡,为保护检流计,应先置于"粗调",接近平衡后,再换成"细调"。

【思考】

1. 叙述电压补偿原理和电流补偿原理,总结出补偿法的基本指导思想。说明补偿法的优点。

2. 你能举出几个应用补偿法测量的例子吗?

【附加内容】

电流补偿原理介绍

假设,我们需要测量电动势 E 与电阻 R 串联电路的短路电流,如果用图 3-6-4 直接测量电流,由于电流表内阻不为零,被测电路的电流将会改变,电流表的内阻影响电路中的电流。如果按图 3-6-5 方法连接,电源 E'、可变电阻 R'、保护开关 S、检流计 G 和微安表组成一测量电路。调节 R',使检流计 G 指零,此时有 $I'=I$,而 A、B 两点电位相同,此时 I' 与 I 大小相等,方向相反,因而使通过检流计的电流达到补偿,对于被测电路而言测量电路相当于一个内阻为零的电流表。

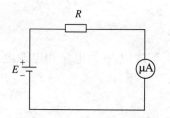

图 3-6-4　用电流表直接测短路电流

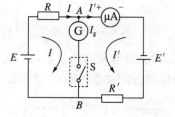

图 3-6-5　电流补偿法原理图

实验 3.7 RLC 交流电路特性的研究

电容、电感元件在交流电路中的阻抗是随着电源频率的改变而变化的。将正弦交流电压加到电阻、电容和电感组成的电路中时，各元件上的电压及相位会随着时间变化，这种变化称做电路的稳态特性；将一个阶跃电压加到 RLC 元件组成的电路中时，电路的状态会由一个平衡态转变到另一个平衡态，各元件上的电压会出现有规律的变化，这种变化称为电路的暂态特性。

【实验目的】

1. 观测 RC 和 RL 串联电路的幅频特性和相频特性；
2. 了解 RLC 串联、并联电路的相频特性和幅频特性；
3. 观察和研究 RLC 电路的串联谐振和并联谐振现象。

【实验仪器】

DH4505 型交流电路综合实验仪，双踪示波器。

【实验原理】

1. RC 串联电路的稳态特性

(1) RC 串联电路的频率特性

在图 3-7-1 所示电路中，电阻 R、电容 C 的电压有以下关系式：

$$\begin{cases} I = \dfrac{U}{\sqrt{R^2 + \left(\dfrac{1}{\omega C}\right)^2}}, \\ U_R = IR, \\ U_C = \dfrac{I}{\omega C}, \\ \varphi = -\arctan \dfrac{1}{\omega CR}. \end{cases} \tag{3-7-1}$$

其中 ω 为交流电源的角频率，U 为交流电源的电压有效值，φ 为电流和电源电压的相位差，它与角频率 ω 的关系见图 3-7-2。

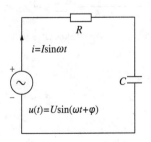

图 3-7-1 RC 串联电路

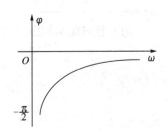

图 3-7-2 RC 串联电路的相频特性

可见当 ω 增加时，I 和 U_R 增加，而 U_C 减小。当 ω 很小时 $\varphi \rightarrow -\dfrac{\pi}{2}$，$\omega$ 很大时 $\varphi \rightarrow 0$。

（2）RC 低通滤波电路

如图 3-7-3 所示为 RC 低通滤波电路，其中 U_i 为输入电压，U_o 为输出电压，则有

$$\frac{U_o}{U_i} = \frac{1}{1+j\omega RC}, \tag{3-7-2}$$

它是一个复数，其模为

$$\left|\frac{U_o}{U_i}\right| = \frac{1}{\sqrt{1+(\omega RC)^2}}。 \tag{3-7-3}$$

设 $\omega_0 = \dfrac{1}{RC}$，则由式（3-7-3）可知

$$\begin{cases} \omega=0\ \text{时}, \left|\dfrac{U_o}{U_i}\right| = 1; \\[2mm] \omega=\omega_0\ \text{时}, \left|\dfrac{U_o}{U_i}\right| = \dfrac{1}{\sqrt{2}} = 0.707; \\[2mm] \omega\rightarrow\infty\ \text{时}, \left|\dfrac{U_o}{U_i}\right| = 0。 \end{cases} \tag{3-7-4}$$

可见 $\left|\dfrac{U_o}{U_i}\right|$ 随 ω 的变化而变化，并且当 $\omega<\omega_0$ 时，$\left|\dfrac{U_o}{U_i}\right|$ 变化较小，$\omega>\omega_0$ 时，$\left|\dfrac{U_o}{U_i}\right|$ 明显下降。这就是低通滤波器的工作原理，它使较低频率的信号容易通过，而阻止较高频率的信号通过。

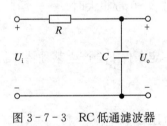 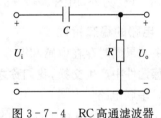

图 3-7-3 RC 低通滤波器　　　　　图 3-7-4 RC 高通滤波器

（3）RC 高通滤波电路

RC 高通滤波电路的原理图见图 3-7-4。

根据图 3-7-4 分析可知有

$$\left|\frac{U_o}{U_i}\right| = \frac{1}{\sqrt{1+\left(\dfrac{1}{\omega RC}\right)^2}}。 \tag{3-7-5}$$

同样令 $\omega_0 = \dfrac{1}{RC}$，则

$$\begin{cases} \omega\rightarrow 0\ \text{时}, \left|\dfrac{U_o}{U_i}\right| = 0; \\[2mm] \omega=\omega_0\ \text{时}, \left|\dfrac{U_o}{U_i}\right| = \dfrac{1}{\sqrt{2}} = 0.707; \\[2mm] \omega\rightarrow\infty\ \text{时}, \left|\dfrac{U_o}{U_i}\right| = 1。 \end{cases} \tag{3-7-6}$$

可见该电路的特性与低通滤波电路相反,它对低频信号的衰减较大,而高频信号容易通过,衰减很小,通常称作高通滤波电路。

2. RL 串联电路的稳态特性

RL 串联电路如图 3-7-5 所示。

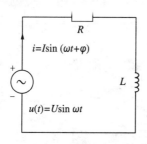

图 3-7-5 RL 串联电路

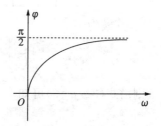

图 3-7-6 RL 串联电路的相频特性

电路中 I、U、U_R、U_L 有以下关系:

$$\begin{cases} I = \dfrac{U}{\sqrt{R^2 + (\omega L)^2}}, \\ U_R = IR, U_L = I\omega L, \\ \varphi = \arctan \dfrac{\omega L}{R}. \end{cases} \qquad (3-7-7)$$

可见 RL 电路的幅频特性与 RC 电路相反,当 ω 增加时,I、U_R 减小,U_L 则增大。它的相频特性见图 3-7-6。另外,由图 3-7-6 可知,ω 很小时 $\varphi \to 0$,ω 很大时 $\varphi \to \dfrac{\pi}{2}$。

3. RLC 电路的稳态特性

在电路中如果同时存在电感和电容元件,那么在一定条件下会产生某种特殊状态,能量会在电容和电感元件中产生交换,我们称之为谐振现象。

(1) RLC 串联电路

在如图 3-7-7 所示电路中,电路的总阻抗 $|Z|$、电压 U 和电流 I 之间有以下关系:

$$\begin{cases} |Z| = \sqrt{R^2 + \left(\omega L - \dfrac{1}{\omega C}\right)^2}, \\ \varphi = \arctan\left(\dfrac{\omega L - \dfrac{1}{\omega C}}{R}\right), \\ I = \dfrac{U}{\sqrt{R^2 + \left(\omega L - \dfrac{1}{\omega C}\right)^2}}. \end{cases} \qquad (3-7-8)$$

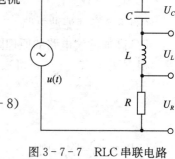

图 3-7-7 RLC 串联电路

其中 ω 为角频率,可见以上参数均与 ω 有关,它们与频率的关系称为频响特性,见图 3-7-8。

由图 3-7-8(a)、(b)可知,在频率 f_0 处阻抗 Z 值最小,且整个电路呈纯电阻性,而电流 I 达到最大值,我们称 f_0 为 RLC 串联电路的谐振频率(ω_0 为谐振角频率)。从图 3-7-8(b)还可知,在 $f_1 \sim f_0 \sim f_2$ 的频率范围内 I 值较大,我们称为通频带。

下面我们推导出 $f_0(\omega_0)$ 和另一个重要的参数品质因数 Q。

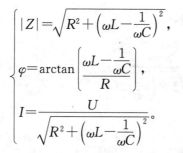

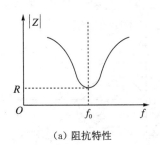

（a）阻抗特性

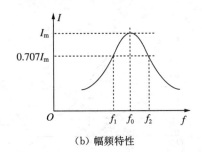

（b）幅频特性

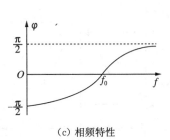

（c）相频特性

图 3-7-8　RLC 串联电路的频响特性

当 $\omega L=\dfrac{1}{\omega C}$ 时，可知

$$|Z|=R,\varphi=0,I_{\mathrm{m}}=\frac{U}{R}。$$

这时有

$$\omega=\omega_0=\frac{1}{\sqrt{LC}},f=f_0=\frac{1}{2\pi\sqrt{LC}}。$$

电感上的电压：

$$U_L=i_{\mathrm{m}}|Z_L|=\frac{\omega_0 L}{R}U。$$

电容上的电压：

$$U_C=i_{\mathrm{m}}|Z_C|=\frac{1}{R\omega_0 C}U。$$

则 U_C 或 U_L 与 U 的比值称为品质因数 Q，定义如下式：

$$Q=\frac{U_L}{U}=\frac{U_C}{U}=\frac{\omega_0 L}{R}=\frac{1}{R\omega_0 C}。 \tag{3-7-9}$$

可以证明 $\Delta f=\dfrac{f_0}{Q},Q=\dfrac{f_0}{\Delta f}$。

（2）RLC 并联电路

在图 3-7-9 所示的电路中有

$$\begin{cases}|Z|=\sqrt{\dfrac{R^2+(\omega L)^2}{(1-\omega^2 LC)^2+(\omega CR)^2}},\\[2mm]\varphi=\arctan\left\{\dfrac{\omega L-\omega C[R^2+(\omega L)^2]}{R}\right\}。\end{cases} \tag{3-7-10}$$

可以求得并联谐振角频率

$$\omega_0=2\pi f_0=\sqrt{\frac{1}{LC}-\left(\frac{R}{L}\right)^2}。 \tag{3-7-11}$$

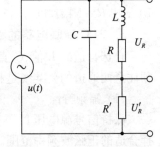

图 3-7-9　RLC 并联电路

可见并联谐振频率与串联谐振频率不相等（当 Q 值很大时才近似相等）。

图 3-7-10 给出了 RLC 并联电路的阻抗、电压和相位差随频率的变化关系。

和 RLC 串联电路类似，品质因数 $Q=\dfrac{\omega_0 L}{R}=\dfrac{1}{R\omega_0 C}$。

由以上分析可知 RLC 串联、并联电路对交流信号具有选频特性，在谐振频率点附近，有较大的信号输出，其他频率的信号被衰减。这在通信领域高频电路中得到了非常广泛的应用。

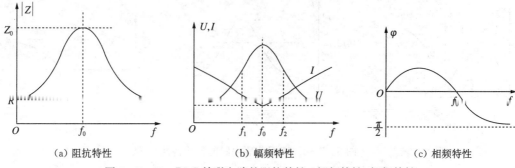

（a）阻抗特性　　　　　　　（b）幅频特性　　　　　　　（c）相频特性

图 3 - 7 - 10　RLC 并联电路的阻抗特性、幅频特性、相频特性

【实验步骤与方法】

对 RC、RL、RLC 电路的稳态特性的观测采用正弦波输入信号。

1. RC 串联电路的稳态特性

（1）RC 串联电路的幅频特性

选择正弦波信号，保持其输出幅度不变，分别用示波器测量不同频率时的 U_R、U_C，可取 $C=0.1\ \mu F$，$R=1\ k\Omega$，也可根据实际情况自选 R、C 参数。

用双通道示波器观测时可用一个通道监测信号源电压，另一个通道分别测 U_R、U_C，但需注意两通道的接地点应位于线路的同一点，否则会引起部分电路短路。

（2）RC 串联电路的相频特性

将信号源电压 U 和 U_R 分别接至示波器的两个通道，可取 $C=0.1\ \mu F$，$R=1\ k\Omega$（也可自选）。从低到高调节信号源频率，观察示波器上两个波形的相位变化情况，可先用李萨如图形法观测，并记录不同频率时的相位差。

2. RL 串联电路的稳态特性

测量 RL 串联电路的幅频特性和相频特性的方法与 RC 串联电路时方法类似，可选 $L=10\ mH$，$R=1\ k\Omega$，也可自行确定。

3. RLC 串联电路的稳态特性

自选合适的 L 值、C 值和 R 值，用示波器的两个通道测信号源电压 U 和电阻电压 U_R，必须注意两通道的公共线是相通的，接入电路中应在同一点上，否则会造成短路。

（1）幅频特性

保持信号源电压 U 不变（可取 $U_{p-p}=2\sim4\ V$），根据所选的 L、C 值，估算谐振频率，以选择合适的正弦波频率范围。从低到高调节频率，U_R 的电压为最大时的频率即为谐振频率，记录下不同频率时的 U_R 大小。

（2）相频特性

用示波器的双通道观测 U_R 的相位差，U_R 的相位与电路中电流的相位相同，观测在不同频率下的相位变化，记录下某一频率时的相位差值。

4. RLC 并联电路的稳态特性

按图 3 - 7 - 9 进行连线，注意此时 R 为电感的内阻，随不同的电感取值而不同，它的值可在相应的电感值下用直流电阻表测量，选取 $L=10\ mH$、$C=0.1\ \mu F$、$R'=10\ k\Omega$。也可自行设计选定。注意 R' 的取值不能过小，否则会由于电路中的总电流变化过大而影响 U_R' 的大小。

（1）LC 并联电路的幅频特性

保持信号源的 U_{P-P} 值幅度不变（可取 U_{P-P} 为 2～5 V），测量 U 和 U_R' 的变化情况。注意示波器的公共端接线，不应造成电路短路。

（2）RLC 并联电路的相频特性

用示波器的两个通道，测 U 与 U_R' 的相位变化情况，自行确定电路参数。

【实验数据记录与处理】

1. 根据测量结果作 RC 串联电路的幅频特性和相频特性图。

$C=0.1~\mu\text{F}, R=1~\text{k}\Omega, U$ 保持不变。

表 3-7-1　RC 串联电路的幅频特性

f/Hz						
U_R/V						
U_C/V						

表 3-7-2　RC 串联电路的相频特性

f/Hz						
φ/rad						

2. 根据测量结果作 RL 串联电路的幅频特性和相频特性图。

$L=10~\text{mH}, R=1~\text{k}\Omega$。

表 3-7-3　RL 串联电路的幅频特性

f/Hz						
U_R/V						
U_L/V						

表 3-7-4　RL 串联电路的相频特性

f/Hz						
φ/rad						

3. 根据测量结果作 RLC 串联电路、RLC 并联电路的幅频特性图和相频特性图。并计算电路的 Q 值。

（1）RLC 串联电路

$L=10~\text{mH}, C=0.1~\mu\text{F}, R=1~\text{k}\Omega$。

表 3-7-5　RLC 串联电路中 U_R、相位差 φ 与频率 f 的关系

f/Hz						
U_R/V						
φ/rad						

（2）RLC 并联电路

$L=10$ mH，$C=0.1$ μF，$R'=10$ kΩ。

表 3-7-6　RLC 并联电路中 U_R'、U 与 U_R' 相位差 φ 与频率 f 之间的关系

f/Hz						
U_R/V						
φ/rad						

【注意事项】

1. 测量时注意信号发生器的地线（黑色接地端）与示波器的地线相连。
2. 在 RC、RL、RLC 电路中信号源的红、黑端口相当于电路中电源的正、负极。

【思考】

1. 电容元件与电感元件的特性是什么？
2. 在连接电路时，电阻的位置有什么要求，电阻与电感是否可以交换位置？为什么？
3. 分析 RC 低通滤波电路和 RC 高通滤波电路的频率特性。

【附加内容】

交 流 电 桥

交流电桥是一种比较式仪器，在电测技术中占有重要地位。它主要用于交流等效电阻及其时间常数、电容及其介质损耗、自感及其线圈品质因数和互感等电参数的精密测量，也可用于非电量参数变换为相应电量参数的精密测量。

常用的交流电桥分为阻抗比电桥和变压器电桥两大类。习惯上一般称阻抗比电桥为交流电桥。本实验中交流电桥指的是阻抗比电桥。交流电桥的线路虽然和直流单电桥线路具有同样的结构形式，但因为它的四个臂是阻抗，所以它的平衡条件、线路的组成以及实现平衡的调整过程都比直流电桥复杂。下面以电容电桥为例来说明交流电桥。

电容电桥主要用来测量电容器的电容量及损耗角，为了弄清电容电桥的工作情况，首先对被测电容的等效电路进行分析，然后介绍电容电桥的典型线路。

1. 被测电容的等效电路

实际电容器并非理想元件，它存在着介质损耗，所以通过电容器 C 的电流和它两端的电压的相位差并不是 $90°$，而是比 $90°$ 要小一个角 δ，这个角就称为介质损耗角。具有损耗的电容可以用两种形式的等效电路表示：一种是理想电容和一个电阻相串联的等效电路，如图 3-7-11 所示；一种是理想电容与一个电阻相并联的等效电路，如图 3-7-12 所示。在等效电路中，理想电容表示实际电容器的等效电容，而串联（或并联）等效电阻则表示实际电容器的发热损耗。

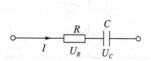

图 3-7-11　有损耗电容器的串联等效电路图

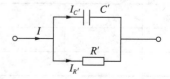

图 3-7-12　有损耗电容器的并联等效电路

图 3-7-13 及图 3-7-14 分别画出了相应电压、电流的向量图。必须注意,等效串联电路中的 C 和 R 与等效并联电路中的 C'、R' 是不相等的。在一般情况下,当电容器介质损耗不大时,应当有 $C \approx C'$, $R \leqslant R'$。所以,如果用 R 或 R' 来表示实际电容器的损耗时,还必须说明它对于哪一种等效电路而言。因此为了表示方便起见,通常用电容器的损耗角 δ 的正切 $\tan \delta$ 来表示它的介质损耗特性,并用符号 D 表示,通常称它为损耗因数,在等效串联电路中

$$D = \tan \delta = \frac{U_R}{U_C} = \frac{IR}{\dfrac{I}{\omega C}} = \omega CR。 \tag{3-7-12}$$

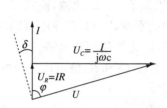

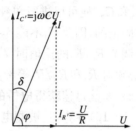

图 3-7-13 串联等效电路的矢量图　　　图 3-7-14 并联等效电路的矢量图

在等效的并联电路中

$$D = \tan \delta = \frac{I_{R'}}{I_{C'}} = \frac{1}{\omega C' R'}。 \tag{3-7-13}$$

应当指出,在图 3-7-13 和图 3-7-14 中,$\delta = 90° - \varphi$ 对两种等效电路都是适用的,所以不管用哪种等效电路,求出的损耗因数是一致的。

2. 测量损耗小的电容电桥(串联电阻式)

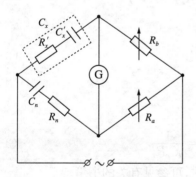

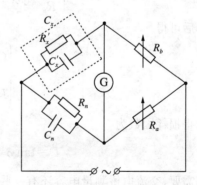

图 3-7-15 串联电阻式电容电桥　　　图 3-7-16 并联电阻式电容电桥

图 3-7-15 为适合用来测量损耗小的被测电容的电容电桥,被测电容 C_x 接到电桥的第一臂,等效为电容 C_x' 和串联电阻 R_x',其中 R_x' 表示它的损耗;与被测电容相比较的标准电容 C_n 接入相邻的第四臂,同时与 C_n 串联一个可变电阻 R_n;桥的另外两臂为纯电阻 R_b 及 R_a。当电桥调到平衡时,有

$$\left(R_x + \frac{1}{j\omega C_x}\right) R_a = \left(R_n + \frac{1}{j\omega C_n}\right) R_b。 \tag{3-7-14}$$

令上式实数部分和虚数部分分别相等,得

$$R_x R_a = R_n R_b, \quad \frac{R_a}{C_x} = \frac{R_b}{C_n},$$

最后看到

$$
\begin{cases}
R_x = \dfrac{R_b}{R_a} R_n, & (3-7-15) \\[2mm]
C_x = \dfrac{R_a}{R_b} C_n。 & (3-7-16)
\end{cases}
$$

由此可知,要使电桥达到平衡,必须同时满足上面两个条件,因此至少要调节两个参数。如果改变 R_n 和 C_n,便可以进行单独调节,互不影响地使电容电桥达到平衡。但是通常标准电容都是做成固定的,因此 C_n 不能连接可变,这时我们可以调节 R_a/R_b 比值,使式(3-7-16)得到满足。但调节 R_a/R_b 的比值时又影响到式(3-7-15)的平衡,因此,要使电桥同时满足两个平衡条件,必须对 R_n 和 R_a/R_b 等参数反复调节才能实现,因此使用交流电桥时,必须通过实际操作取得经验,才能迅速获得电桥的平衡。电桥达到平衡后,C_x 和 R_x 值可以分别按式(3-7-15)和式(3-7-16)计算,其被测电容的损耗因数 D 为

$$D = \tan\delta = \omega C_x R_x = \omega C_n R_n。 \quad (3-7-17)$$

3. 测量损耗大的电容电桥(并联电阻式)

假如被测电容的损耗大,则用上述电桥测量时,与标准电容相串联的电阻 R_n 必须很大,这将会降低电桥的灵敏度。因此当被测电容的损耗大时,宜采用图3-7-16所示的并联电容电桥的线路来进行测量,它的特点是标准电容 C_n 与电阻 R_x 是彼此并联的,则根据电桥的平衡条件有

$$R_b \left[\frac{1}{\dfrac{1}{R_n} + j\omega C_n} \right] = R_a \left[\frac{1}{\dfrac{1}{R_x} + j\omega C_x} \right]。 \quad (3-7-18)$$

整理后可得

$$
\begin{cases}
C_x = C_n \dfrac{R_a}{R_b}, & (3-7-19) \\[2mm]
R_x = R_n \dfrac{R_b}{R_a}。 & (3-7-20)
\end{cases}
$$

可求得损耗因数为

$$D = \tan\delta = \frac{1}{\omega C_x R_x} = \frac{1}{\omega C_n R_n}。 \quad (3-7-21)$$

根据需要,交流电桥测量电容还有一些其他形式,可参见有关的书籍。

实验 3.8 利用霍耳效应测磁场

通过本实验了解和熟悉霍耳效应的重要物理规律;用通电长直螺线管中心点的磁感应强度的理论计算值作为标准值来校准集成霍耳传感器的灵敏度;熟悉集成霍耳传感器的特性和应用;用该集成霍耳传感器测量通电螺线管内的磁感应强度与位置之间的关系,作磁感应强度与位置的关系图。学会用集成霍耳元件测量磁感应强度的方法。

【实验目的】

1. 验证霍耳传感器输出电势差与螺线管内磁感应强度成正比;
2. 测量集成线性霍耳传感器的灵敏度;
3. 测量螺线管内磁感应强度与位置之间的关系,求得螺线管均匀磁场范围及边缘的磁感应强度;
4. 学习补偿原理在磁场测量中的应用;
5. 测量地磁场的水平分量。

【实验仪器】

FD-ICH-Ⅱ新型螺线管磁场测定仪(如图 3-8-1 所示)。测定仪包含了集成霍耳传感器及其探测棒、螺线管、直流稳压电源(0~0.5 A)、直流稳压电源输出(2.4 V~2.6 V 和 4.8 V~5.2 V 两挡)、数字电压表(19.999 V 和 1999.9 mV 两挡)、数字电流表、双刀换向开关和单刀换向开关各一个、导线若干。

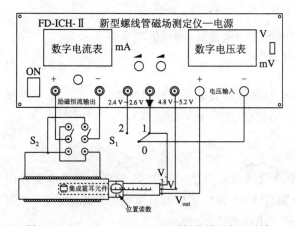

图 3-8-1 FD-ICH-Ⅱ新型螺线管磁场测定仪

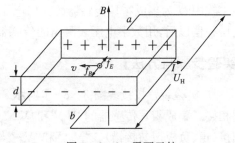

图 3-8-2 霍耳元件

【实验原理】

霍耳元件的作用(如图 3-8-2 所示):若电流 I 流过厚度为 d 的半导体薄片,且磁场 B 垂直于该半导体,使电子流方向由洛伦兹力作用而发生改变,在薄片两个横向面 a、b 之间产生电势差,这种现象称为霍耳效应。在与电流 I、磁场 B 垂直方向上产生的电势差称为霍耳电势差,通常用 U_H 表示。霍耳效应的数学表达式为:

$$U_H = \left(\frac{R_H}{d}\right)IB = K_H IB。 \tag{3-8-1}$$

其中 R_H 是由半导体本身电子迁移率决定的物理常数，称为霍耳系数。B 为磁感应强度，I 为流过霍耳元件的电流强度，K_H 称为霍耳元件灵敏度。

虽然从理论上讲霍耳元件在无磁场作用（即 $B=0$）时，$U_H=0$，但是实际情况中，用数字电压表测量 a、b 间时电势差并不为零，这是由于半导体材料结晶不均匀及各电极不对称等引起了附加电势差，该电势差 U_0 称为剩余电压。

随着科技的发展，新的集成化（IC）元件不断被研制成功。本实验采用 SS95A 型集成霍耳传感器（结构示意图如图 3-8-3 所示），它由霍耳元件、放大器和薄膜电阻剩余电压补偿组成。测量时输出信号大，并且剩余电压的影响已被消除。SS95A 型集成霍耳传感器有三根引线，分别是"V_+"、"V_-"、"V_{out}"。其中"V_+"和"V_-"构成"电流输入端"，"V_{out}"和"V_-"构成"电压输出端"。由于 SS95A 型集成霍耳传感器的工作电流已设定，该设定电流被称为标准工作电流，使用传感器时，必须使工作电流处在该标准状态。在实验时，只要在磁感应强度为零（零磁场）的条件下，调节"V_+"、"V_-"所接的电源电压（装置上有一调节旋钮可供调节），使输出电压为 2.500 V（在数字电压表上显示），则传感器就处在标准工作状态之下。

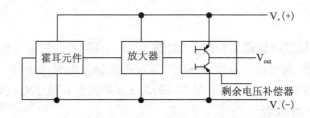

图 3-8-3　SS95A 型集成霍耳元件内部结构图

当螺线管内有磁场且集成霍耳传感器在标准工作电流时，测得的磁场可表示为

$$B = \frac{(U-2.500)}{K} = \frac{U'}{K}。 \tag{3-8-2}$$

式中 U 为集成霍耳传感器的输出电压，K 为该传感器的灵敏度，U' 为经用 2.500 V 外接电压补偿以后，用数字电压表测出的传感器输出值（仪器用 mV 挡读数）。

【实验步骤与方法】

1. 实验装置按接线图 3-8-1 所示。螺线管通过双刀换向开关 S_2 与直流稳压电源输出端相接。集成霍耳传感器的"V_+"和"V_-"分别与 4.8～5.2 V 可调直流电源输出端的正、负极相接（正、负极请勿接错）。"V_{out}"和"V_-"与数字电压表正、负极相接。

2. 断开开关 S_2（当 S_2 处于中间位置时断开），使集成霍耳传感器处于零磁场条件下，把开关 S_1 指向 1，调节 4.8～5.2 V 电源输出电压，数字电压表显示的"V_{out}"和"V_-"的电压指示值为 2.500 V，这时集成霍耳元件便达到了标准化工作状态，即集成霍耳传感器通过电流达到规定的数值，且剩余电压恰好达到补偿，$U_0=0$ V。

3. 仍断开开关 S_2，在保持"V_+"和"V_-"电压不变的情况下，把开关 S_1 指向 2，调节 2.4～2.6 V 电源输出电压，使数字电压表指示值为 0（这时应将数字电压表量程拨动开关指向 mV 挡），也就是用一外接 2.500 V 的电位差与传感器输出 2.500 V 的电位差进行补偿，这样就可以直接用数字电压表读出集成霍耳传感器电势差的值 U'。

4. 测定霍耳传感器的灵敏度 K

(1) 改变输入螺线管的直流电流 I_m,将传感器处于螺线管的中央位置(即 $x=17.0$ cm),测量 U'-I_m 关系,记录 10 组数据,I_m 范围在 $0\sim500$ mA,可每隔 50 mA 测一次。

(2) 用最小二乘法求出 U'-I_m 直线的斜率 $k=\dfrac{\Delta U'}{\Delta I_m}$。

(3) 对于无限长直螺线管磁场可利用公式:$B=\mu_0 n I_m$(μ_0 真空磁导率,n 为螺线管单位长度的匝数),求出集成霍耳传感器的灵敏度

$$K=\frac{\Delta U'}{\Delta B}。 \tag{3-8-3}$$

实验中所用螺线管参数为:螺线管长度 $L=26.0\pm0.1$ cm,$N=(3000\pm20)$ 匝,平均直径 $\overline{D}=3.5\pm0.1$ cm,真空磁导率 $\mu_0=4\pi\times10^{-7}$ H/m。由于螺线管为有限长,由此必须用公式:$B=\mu_0\dfrac{N}{\sqrt{L^2+\overline{D}^2}}I_m$ 进行计算。

故

$$K=\frac{\Delta U'}{\Delta B}=\frac{\sqrt{L^2+\overline{D}^2}}{\mu_0 N}\frac{\Delta U'}{\Delta I_m}=\frac{\sqrt{L^2+\overline{D}^2}}{\mu_0 N}k \quad (\text{单位}:\text{V/T})。 \tag{3-8-4}$$

5. 测量通电螺线管中的磁场分布

(1) 当螺线管通恒定电流 I_m(例如 250 mA)时,测量 U'-x 关系。x 范围为 $0\sim30.0$ cm,两端的测量数据点应比中心位置的测量数据点密一些。

(2) 利用上面所得的传感器灵敏度 K 计算 B-x 关系,并作出 B-x 分布图。

(3) 假定磁场变化小于 1% 的范围为均匀区(即 $\Delta B/B_0<1\%$),计算并在图上标出均匀区的磁感应强度 $\overline{B_0'}$ 及均匀区范围(包括位置与长度),并与产品说明书上标有均匀区 >10.0 cm 进行比较。

(4) 在图上标出螺线管边界的位置坐标(即 P 与 P' 点,一般认为在边界点处的磁场是中心位置的一半,即 $B_P=B_{P'}=\dfrac{1}{2}\overline{B_0'}$)。

(5) 将上述结果与理论值比较:

① 理论值 $B_0=\mu_0\dfrac{N}{\sqrt{L^2+\overline{D}^2}}I_m$,验证:$\dfrac{|B_0-B_0'|}{B_0}\times100\%<1\%$;

② 已知 $L=26.0$ cm,试证明 P 与 P' 的间距约 26.0 cm。

【实验数据记录与处理】

1. 霍耳电势差与磁感应强度 B 的关系

霍耳传感器处于螺线管中央位置(即 $x=17.0$ cm 处),将测得的值填入表 3-8-1。

表 3 - 8 - 1　测量霍耳电势差(已放大为 U')与螺线管通电电流 I_m 关系

I_m/mA	0	50	100	150	200	250	300	350	400	450	500
U'/mV											

根据表 3 - 8 - 1 描绘霍耳电势差 U' 与螺线管通电电流 I_m 的关系图。

2. 通电螺线管内磁感应强度分布测定(螺线管的励磁电流 I_m＝250 mA)

螺线管通正向直流电流时测得集成霍耳传感器的输出电压为 U'_1，螺线管通反向直流电流时测得集成霍耳传感器输出电压为 U'_2，U' 为 $(U'_1-U'_2)/2$ 的值。(测量正、反两次不同电流方向所产生的磁感应强度值再取平均值,可消除地磁场影响)

表 3 - 8 - 2　螺线内磁感应强度 B 与位置刻度 x 的关系($B＝U'/K$)

x/cm	U'_1/mV	U'_2/mV	U'/mV	B/mT
1.00				
1.50				
2.00				
2.50				
3.00				
3.50				
4.00				
4.50				
5.00				
5.50				
6.00				
6.50				
7.00				
7.50				
8.00				
9.00				
10.00				
11.00				
12.00				
13.00				
14.00				
15.00				
16.00				

续表

x/cm	U_1'/mV	U_2'/mV	U'/mV	B/mT
17.00				
18.00				
19.00				
20.00				
21.00				
22.00				
23.00				
24.00				
24.50				
25.00				
25.50				
26.00				
26.50				
27.00				
27.50				
28.00				
28.50				
29.00				
29.50				
30.00				

根据表 3-8-2 描绘通电螺线管内磁感应强度分布图。

【注意事项】

1. 测量 U'-I_m 时,传感器位于螺线管中央(即均匀磁场中)。

2. 测量 B-x 时,螺线管通电电流 I_m 应保持不变。

3. 常检查 I_m＝0 时,传感器输出电压是否为 2.500 V。

4. 用 mV 挡读 U' 值。当 I_m＝0 时,数字电压表指示应该为 0。

5. 实验完毕后,请逆时针地旋转仪器上的三个调节旋钮,使其恢复到起始位置(最小的位置)。

【思考】

　　1. 什么是霍耳效应？霍耳传感器在科研中有何用途？

　　2. 如果螺线管在绕制中两边的单位匝数不相同或绕制不均匀,这时将出现什么情况？在绘制 $B\text{-}x$ 分布图时,如果出现上述情况,怎样求 P 和 P' 点？

　　3. 设计一个实验,用 SS95A 型霍耳传感器测量地磁场水平分量。

实验 3.9 电子束在电场和磁场中的运动

带电粒子在电场和磁场中的运动是在近代科学技术应用的许多领域中经常遇到的一种物理现象。如示波器、电视显像管、雷达指示器、电子显微镜等设备,其功能虽各不相同,但他们有一个共同点,就是都利用了电子束的聚焦和偏转,电子束的聚集和偏转可以通过电场或磁场对电子的作用来实现,本实验主要研究电子束在电场、磁场作用下的偏转及聚焦。

【实验目的】

1. 掌握电子束在外加电场和磁场作用下的偏转原理;
2. 了解阴极射线示波管的构造与工作方式;
3. 知道场聚焦与磁聚焦的原理;
4. 测量电偏转与磁偏转灵敏度。

【实验仪器】

TH-EB 型电子束实验仪,0～30 V 可调直流稳压电源,数字式万用表。

【实验原理】

1. TH-EB 型电子束实验仪原理简介

TH-EB 型电子束实验仪主要由两大部分组成:一部分是由螺线管及在螺线管内放置的示波管组成,螺线管通电流后给示波管加纵向磁场,另外在示波管两边加上一对亥姆霍兹线圈产生一横向磁场,使电子束产生横向偏转;另一部分用于给示波管各极加适当电压。

示波管各电极结构与分布如图 3-9-1 所示。各部件的作用如下。

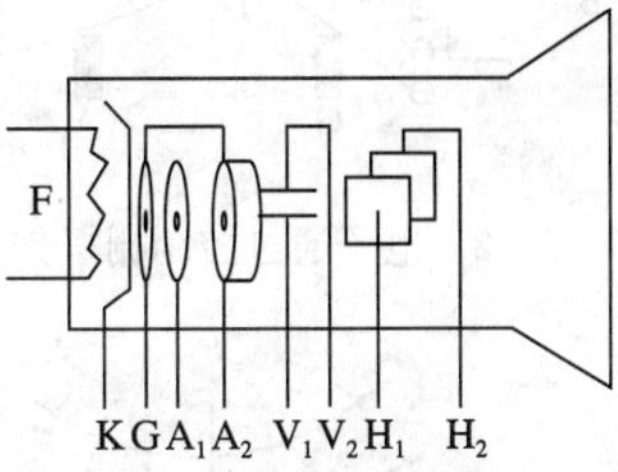

灯丝 F:加热阴极,使用 6.3 V 交流电压。

阴极 K:筒外涂有稀土金属,被加热后能向外发射自由电子,K 也可称发射极。

图 3-9-1 示波管各电极结构与分布

栅极 G:栅极是一个顶部有小孔的金属圆筒,套在阴极外面。由于栅极电位比阴极低,对阴极发射的电子起控制作用,一般只有运动初速度大的少量电子,在阳极电压的作用下才能穿过栅极小孔,奔向荧光屏。初速度小的电子仍返回阴极。如果栅极电位过低,则电子全部返回阴极,即电子截止。调节电路中的电位器,可以改变栅极电位,控制射向荧光屏的电子流密度,从而调节光点的辉度。

第二阳极 A_2:为一圆筒结构,施加的电压形成一纵向高压电场,使加速电子向荧光屏运动,故 A_2 可称加速极,加速电压通常为 1000 V 以上。

第一阳极 A_1:为一圆筒结构,介于第二阳极的圆筒和栅极之间,其作用相当于电子透镜,施加适当电压能使电子束恰好在荧光屏上聚焦,因此 A_1 也称聚焦极,通常加数百伏正向电压。

垂直偏转极板 V_1 和 V_2:V_1 和 V_2 为处于示波管中上、下的两块金属板,在极板上施加适当电压后构成垂直方向的横向电场。

水平偏转极板 H_1 和 H_2：H_1 和 H_2 为处于示波管中前、后的两块金属板，在极板上施加适当的电压后构成水平方向的横向电场。

2. 电聚焦原理

从示波管阴极发射的电子在第一阳极 A_1 的加速电场作用下，先会聚于控制栅孔附近一点（图 3-9-2），往后，电子束又散射开来。为了在示波管荧光屏上得到一个又亮又小的光点，必须把散射开来的电子束会聚起来。与光学透镜对光束的聚焦作用相似，由第一阳极 A_1 和第二阳极 A_2 组成电聚焦系统。A_1、A_2 是两个相邻的同轴圆筒，在 A_1、A_2 上分别加上不同的电压 U_1、U_2，当 $U_1 < U_2$ 时，在 A_1、A_2 之间形成一非均匀电场，电场分布情况如图 3-9-3 所示，电场对 Z 轴是对称分布的。电子束中某个散离轴线的电子沿轨迹 S 进入聚焦电场，图 3-9-4 画出了这个电子的运动轨迹。在电场的前半区，这个电子受到与电力线相切方向的作用力 F。F 可分解为垂直指向轴线的分力 F_r 与平行于轴线的分力 F_z。F_r 的作用使电子向轴线靠拢，F_z 的作用使电子沿 Z 轴得到加速度。电子到达电场后半区时，受到的作用力 F' 可分解为相应的 F'_r 和 F'_z 两个分量。F'_z 分力仍使电子沿 Z 轴方向加速，而 F'_r 分力却使电子离开轴线。但因为在整个电场区域里电子都受到同方向的沿 Z 轴的作用力（F_z 和 F'_z），由于在后半区的轴向速度比在前半区的大得多。因此，在后半区电子受 F'_r 的作用时间短得多。这样，电子在前半区受到的拉向轴线的作用大于在后半区受到离开轴线的作用，因此总效果是使电子向轴线靠拢，最后会聚到轴上某一点。调节阳极 A_1 和 A_2 的电压可以改变电极间的电场分布，使电子束的会聚点正好与荧光屏重合，这样就实现了电聚焦。

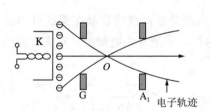

图 3-9-2 电子通过控制栅极先会聚再发散

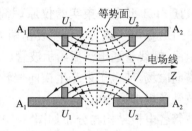

图 3-9-3 第一阳极与第二阳极间的会聚电场

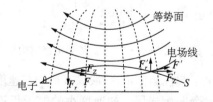

图 3-9-4 电子在电场中会聚的原理图

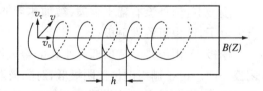

图 3-9-5 电子在磁场中的运动轨迹

2. 磁聚焦原理

将示波管的第一阳极 A_1，第二阳极 A_2，水平、垂直偏转板全连在一起，相对于阴极板加一电压 U_A，这样电子一进入 A_1 后，就在零电场中做匀速运动，这时来自交叉点（图 3-9-2 中 O 点）的发散的电子束将不再会聚，而在荧光屏上形成一个面积很大的光斑。下面介绍用磁聚焦的方法使电子束聚焦的原理。

在示波管外套一载流长螺线管，在 Z 轴方向即产生一均匀磁场 B，电子离开电子束交叉点进入第一阳极 A_1 后，即在一均匀磁场 B（电场为零）中运动，如图 3-9-5 所示。v 可分解为平

行 B 的分量 v_n 和垂直于 B 的分量 v_τ，磁场对 v_n 分量没有作用力。v_n 分量使电子沿 B 方向做匀速直线运动；v_τ 分量受洛仑兹力的作用，使电子绕 B 轴做匀速圆周运动。因此，电子的合成运动轨道是螺旋线，螺旋线的半径为

$$R = \frac{mv_\tau}{eB}, \tag{3-9-1}$$

式中 m 是电子的质量，e 是电子的电荷量。

电子做圆周运动的周期为

$$T = \frac{2\pi R}{v_\tau} = \frac{2\pi m}{eB}。 \tag{3-9-2}$$

从式(3-9-2)看出，T 与 v_τ 无关，即在同一磁场下，不同速度的电子绕圆一周所需的时间是相等的，只不过速度大的电子绕的圆周大，速度小的电子绕的圆周小而已。

螺旋线的螺距为

$$h = Tv_n = \frac{2\pi m}{eBv_n}。 \tag{3-9-3}$$

在示波管中，由电子束交叉点射入均匀磁场中的一束电子流中，各电子与 Z 轴的夹角 θ 是不同的，但是夹角 θ 都很小，则

$$v_n = v\cos\theta \approx v, \quad v_\tau = v\sin\theta \approx v\theta。$$

由于 v_τ 不同，在磁场的作用下，各电子将沿不同半径的螺旋线前进，但由于各电子的 v_n 分量近似相等，其大小由阳极所加的电压 U_A 决定，因为

$$\frac{1}{2}mv_n^2 = eU_A，$$

故有

$$v_n = \sqrt{\frac{2eU_A}{m}}。$$

所以各螺旋线的螺距是相等的[见式(3-9-3)]。这样，由同一点 O 出发的各电子沿不同半径的螺旋线，经过同一距离 h 后，又重新会聚在轴线上的一点，如图 3-9-6 所示。调节磁场 B 的大小，使 $l/h = n$ 为一整数（l 是示波管中电子束交叉点到荧光屏的距离），会聚点就正好与荧光屏重合，这就是磁聚焦。

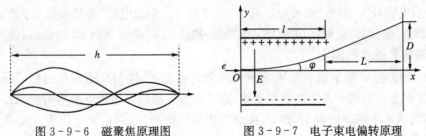

图 3-9-6　磁聚焦原理图　　　　　图 3-9-7　电子束电偏转原理

3. 电偏转原理

电子束电偏转原理如图 3-9-7 所示。通常在示波管的偏转板上加偏转电压 U，电子穿过 A_2 时以速度 v 进入两个相对的平行的偏转板间，受到偏转板电场 E（y 轴方向）的作用，使电子的运动轨道发生偏转。假定偏转电场在偏转板 l 范围内是均匀的，电子将做抛物线运动，在偏转板外，电场为零，电子不受力，做匀速直线运动。

荧光屏上电子束的偏转距离 D 可以表示为：

$$D = K_e \frac{U}{U_A}, \tag{3-9-4}$$

式中 U 为偏转电压，U_A 为加速电压，K_e 是一个与示波管结构有关的常数，称为电偏常数。为了反映电偏转的灵敏程度，定义

$$\delta_电 = D/U, \tag{3-9-5}$$

$\delta_电$ 称为电偏转灵敏度，用 mm/V 为单位。$\delta_电$ 越大，电偏转灵敏度越高。

4. 磁偏转原理

电子束磁偏转原理如图 3-9-8 所示。通常在示波管的瓶颈的两侧加上一均匀横向磁场，假定在 l 范围内是均匀的，在其他范围内都为零。当加速后的电子以速度 v 沿 x 方向垂直射入磁场时，将受到洛仑兹力作用，在均匀磁场 B 内做匀速圆周运动，电子穿出磁场后，则做匀速直线运动，最后打在荧光屏上，磁偏转的距离可以表示为

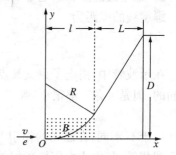

$$D = K_m \frac{I}{\sqrt{U_A}}, \tag{3-9-6}$$

式中 I 是偏转线圈励磁电流，单位 A；K_m 是一个与示波管结构有关的常数称为磁偏常数。为了反映磁偏转的灵敏程度，定义

$$\delta_磁 = D/I = K_m/\sqrt{U_A}, \tag{3-9-7}$$

图 3-9-8 电子束磁偏转原理

$\delta_磁$ 称为磁偏转灵敏度，用 mm/A 为单位。$\delta_磁$ 越大，表示磁偏转系统灵敏度越高。

【实验步骤与方法】

1. 实验准备

(1) 用专用电缆连接实验箱和示波管支架上的插座。

(2) 将实验箱面板上的"电聚焦/磁聚焦"选择开关置于"电聚焦"。将与第一阳极对应的钮子开关置于上方，其余的钮子开关均置于下方。

(3) 将"励磁电流调节"旋钮旋至最小位置。

(4) 开启电源开关，调节"阳极电压调节"电位器，使"阳极电压"数显表指示为 800 V，适当调节"辉度调节"电位器，此时示波管上出现光斑，然后调节"电聚焦调节"电位器，使光斑聚焦。

2. 电偏转灵敏度的测定

(1) 令"阳极电压"指示为 800 V，在光点聚焦的状态下，将 H_1、H_2 对应的钮子开关置于上方，此时荧光屏上会出现一条短的水平亮线，这是因为水平偏转极板上感应有 50 Hz 交流电压之故。测量时将水平偏转极板 H_1 和 H_2 接通直流偏转电压，分别记录电压为 0 V、10 V、20 V 时光点位置偏移量，然后调换偏转电压的极性，重复上述步骤。

(2) 将"阳极电压"分别调至 1000 V、1200 V，按上述的方法使光点重新聚焦后，按实验步骤(1)重复以上测量，列表记录数据。

(3) 将 H_1、H_2 对应的钮子开关置于下方，将 V_1、V_2 对应的钮子开关置于上方。此时荧光屏上也会出现一条短的垂直亮线。这也是因为垂直偏转极板上感应有 50 Hz 交流电压之故。测量时，在 V_1、V_2 两端依次加 0 V、10 V、20 V 直流偏转电压，然后调换偏转电压的极性，重复

上述步骤(阳极电压依次为 800 V、1000 V、1200 V),列表记录数据。

3. 磁偏转灵敏度的测定

(1) 准备工作与"电聚焦特性的测定"完全相同。为了计算亥姆霍兹线圈中的电流,必须事先用数字万用表测量线圈的电阻值,并记录。

(2) 令"阳极电压"指示为 800 V,使光点在聚焦的状态下,接通亥姆霍兹线圈的励磁电压,并分别调到 0 V、2 V、4 V、6 V,记录荧光屏上光点的偏移量,然后改变励磁电压的极性,重复以上步骤,列表记录数据。

(3) 调节"阳极电压调节"电位器,使阳极电压分别为 1000 V、1200 V,重复实验步骤(2)。

【实验数据记录与处理】

1. 竖直方向和水平方向偏转灵敏度

表 3-9-1　竖直方向、水平方向偏转灵敏度

D(竖直偏转) δ(灵敏度)		偏转电压 U/V					$\bar{\delta}$ (mm/V)
		-20	-10	0	10	20	
加速电压 U_A/V	800						
	1000						
	1200						

D(水平偏转) δ 灵敏度		偏转电压 U/V					$\bar{\delta}$ (mm/V)
		-20	-10	0	10	20	
加速电压 U_A/V	800						
	1000						
	1200						

2. 磁偏转灵敏度

磁偏转线圈电阻 $R=$ _____ Ω。

表 3-9-2　测磁偏转灵敏度

δ(灵敏度) D/mm		偏转电压 U/V					$\bar{\delta}$ (mm/A)
		-8	-6	-4	-2	0	
加速电压 U_A/V	800						
	1000						
	1200						
		2	4	6	8		$\bar{\delta}$ (mm/A)
加速电压 U_A/V	800						
	1000						
	1200						

【注意事项】

1. 本仪器内示波管电路和励磁电路均存在高压,在仪器插上电源线后,切勿触摸印刷板、示波器管座、励磁线圈的金属部分,以防电击危险。

2. 本仪器的电源线应插在标准的三芯电源插座上。电源的相线,零线和地线按国家标准接法规定接在规定的位置上。

3. 实验前必须先阅读电子束实验仪使用说明书。

4. 光点不能太亮,以免烧坏荧光屏。

5. 测量励磁线圈电阻时,要注意应测量其冷态时的电阻。改变螺线管电流方向时,应先调节励磁电流电源输出为零或最小,然后再扳换向开关,使电流反向。

【思考】

1. 如果电子束同时在电场和磁场中通过,在什么条件下,荧光屏的光点恰好不发生偏转?

2. 在磁聚焦实验中,当螺线管中的电流逐渐增加,使电子束二次聚焦、三次聚焦在荧光屏上时,屏上的亮斑如何变化?

【附加内容】

电子荷质比的测定

利用磁聚焦系统,调节磁场 B,当螺旋线的螺距 h 正好等于示波管中电子束交叉点到荧光屏之间的距离 l 时,在屏上将得到一个亮点(聚焦点)。这时

$$l = h = \frac{2\pi m v_n}{eB} = \frac{2\pi m}{eB}\sqrt{\frac{2eU_A}{m}},$$

即得

$$\frac{e}{m} = \frac{8\pi^2 U_A}{l^2 B^2}。 \tag{3-9-8}$$

式中 l、B 由每台实验仪器给出数据。其中聚焦线圈中的平均磁场由以下公式求出:

$$B = \frac{1}{2}\mu_0 nI(\cos\alpha - \cos\beta)。 \tag{3-9-9}$$

式中的 I 为流过磁聚焦线圈的电流,n 为单位长度螺线管匝数,B 的单位为特斯拉。为了减小 I 的测量误差,可利用一次、二次、三次聚焦时对应的励磁电流求平均 $\bar{I}$,因为第一次聚焦时的电流为 I_1,二次聚焦的电流为 $2I_1$,即磁场强一倍,相应电子在示波器内绕 Z 轴转两圈。同理,三次聚焦的电流应为 $3I_1$,所以有

$$\bar{I} = \frac{I_1 + I_2 + I_3 + \cdots}{1 + 2 + 3 + \cdots}。 \tag{3-9-10}$$

将 $\bar{I}$ 代入实验仪器给出的 B 计算式中,求出 B。再将 U_A、l、B 值代入式(3-9-8)中,即可求出不同加速电压 U_A 时的电子荷质比 e/m,与标准值相比较,即可求出相对误差。

对于 TH-EB 型电子束实验仪,螺线管中心部分的磁场视为均匀的平均磁场,则有

$$\begin{cases} B = \dfrac{4\pi N \bar{I} \times 10^{-7}}{\sqrt{D^2 + L^2}}, \\[3mm] \dfrac{e}{m} = \dfrac{D^2 + L^2}{2 l^2 N^2 \times 10^{-14}} \cdot \dfrac{U_A}{\bar{I}^2} \, 。 \end{cases} \qquad (3-9-11)$$

式中 $D=0.094$ m 为螺线管平均直径，$L=0.4$ m 为螺线管长度，$N=1800$ 匝为螺线管线圈匝数。代入式(3-9-11)即可求出电子的荷质比。

实验 3.10 折射率测定

折射率是描述介质材料光学性质的重要参量。测量折射率的方法通常可分为两类：一类是几何光学方法，它是基于折射定律，通过准确测量光线偏折角度，计算出介质材料的折射率；另一类是物理光学方法，光波通过介质后(或由介质界面反射)，利用透射光的位相变化(或反射光的偏振态变化)与折射率密切相关这一原理来测定介质的折射率。本实验采用几何光学方法准确测定角度来求折射率。

【实验目的】

1. 掌握测玻璃折射率的方法；

2. 学会对光线在空气中的入射角、在玻璃中的折射角的确定和量度，并根据折射定律计算出玻璃的折射率。

【实验仪器】

木板，白纸，玻璃砖，大头针，图钉，量角器，三角板，铅笔。

【实验原理】

根据光的折射定律，入射角的正弦值与折射角的正弦值之比为一常数，即

$$n = \frac{\sin i}{\sin \gamma}。 \tag{3-10-1}$$

实验是采用"插针法"来确定光路的。当光线以一定的入射角穿过一块两面平行的玻璃砖时，传播方向不变，但是出射方向与入射方向相比有一定的侧移，由图 3-10-1 可知，只要能找出跟入射光线 AO 相对应的出射光线 $O'B$，然后确定出射点 O'，就能画出折射光线 OO'，量出入射角 θ_1 和折射角 θ_2，根据 $n = \dfrac{\sin \theta_1}{\sin \theta_2}$ 就可以算出玻璃的折射率了。

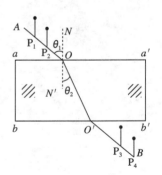

图 3-10-1 插针法确定光路

【实验步骤与方法】

1. 把白纸用图钉固定在木板上。

2. 沿玻璃砖的一个面画一条直线 aa' 作为界面(如图 3-10-1)，过 aa' 上一点 O 作垂直于 aa' 的直线 NN' 作为法线，过 O 点画一条入射光线 AO，使入射角 θ_1 适当大些。

3. 在 AO 线上竖直地插两枚大头针 P_1、P_2，在白纸上放上被测玻璃砖，使玻璃砖的一个面与 aa' 重合。

4. 沿玻璃砖的另一侧面画一条直线 bb'。

5. 在玻璃砖的 bb' 一侧白纸上竖直地立一枚大头针 P_3，用眼睛观察调整视线，同时移动大头针 P_3 的位置，使 P_3 恰好能同时挡住玻璃砖另一侧所插的大头针 P_1、P_2 的像，把此时大头针

P_3 的位置固定，插好。同样地，在玻璃砖 bb' 一侧再竖直地插一枚大头针 P_4，使 P_4 能挡住 P_3，同时也挡住 P_1、P_2 的像。

6. 记下 P_3、P_4 的位置，移去玻璃砖，拔去大头针，过 P_3、P_4 连一条直线 BO' 交 bb' 于 O' 点，连接 OO'，OO' 就是入射光线 AO 在玻璃砖内的折射光线，折射角为 θ_2。

7. 用量角器量出入射角 θ_1 和折射角 θ_2 的大小。改变入射角 θ_1，重复上面的步骤再做三、四次，量出相应的入射角和折射角，并填入表 3-10-1 中，算出不同入射角时的 $\dfrac{\sin \theta_1}{\sin \theta_2}$ 值，求出几次实验中的平均值就是玻璃砖的折射率。

【实验数据记录与处理】

表 3-10-1　光线经过玻璃砖的入射角、折射角及玻璃砖的折射率

实验次数	入射角 θ_1	$\sin \theta_1$	折射角 θ_2	$\sin \theta_2$	玻璃砖的折射率 $n=\dfrac{\sin \theta_1}{\sin \theta_2}$	平均值
1						
2						
3						
4						

【注意事项】

1. 实验时，尽可能将大头针竖直插在纸上，且 P_1 与 P_2 之间、P_2 与 O 点之间、P_3 与 P_4 之间、P_3 与 O' 之间距离要稍大一些。不能靠得很近，这样可减少确定光路方向时出现的误差，提高测量的准确度。

2. 入射角 θ_1 应适当大一些，但也不宜太大，以减小测量角度的误差。

3. 在操作时，手不能触摸玻璃砖的光洁面，更不能把玻璃砖界面当尺子画界线。

4. 在实验过程中，玻璃砖与白纸的相对位置不能改变。

5. 玻璃砖应选用宽度较大的，宜在 5 cm 以上，若宽度太小，则测量误差较大。

【思考】

1. 观察你所作的图，看看入射光线与出射光线是否在一条直线上？为什么？

2. 如果不用量角器量角度，能否运用比例关系求折射率？

【附加内容】

计算折射率的其他数据处理方法

本实验通过测量入射角和折射角，然后求出入射角和折射角的正弦值，再代入 $n=\dfrac{\sin \theta_1}{\sin \theta_2}$ 中求玻璃的折射率，除运用此方法之外，还有以下处理数据的方法：

1. 在找到入射光线和折射光线以后，以入射点 O 为圆心，以任意长为半径画圆，分别与

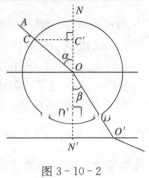

图 3 - 10 - 2

AO 交于 C 点，与 OO'（或 OO' 的延长线）交于 D 点，过 C、D 两点分别向 NN' 作垂线，交 NN' 于 C'、D'，用直尺量出 CC' 和 DD' 的长，如图 3 - 10 - 2 所示。

由于 $\sin\theta_1=\dfrac{CC'}{CO}$，$\sin\theta_2=\dfrac{DD'}{DO}$，而 $CO=DO$，所以折射率 $n=\dfrac{\sin\theta_1}{\sin\theta_2}=\dfrac{CC'}{DD'}$。

重复以上实验，求得各次折射率计算值，然后求其平均值即为玻璃砖折射率的测量值。

2. 根据折射定律 $n=\dfrac{\sin\theta_1}{\sin\theta_2}$，有 $\sin\theta_2=\dfrac{1}{n}\sin\theta_1$。

在多次改变入射角、测量相对应的入射角和折射角正弦值的基础上，以 $\sin\theta_1$ 值为横坐标，以 $\sin\theta_2$ 值为纵坐标，建立直角坐标系，描数据点，过数据点连线得一条过原点的直线。求解图线斜率，设斜率为 k，则 $k=\dfrac{1}{n}$，故玻璃砖折射率 $n=\dfrac{1}{k}$。

实验 3.11　光波波长的测定

衍射光栅是利用单缝衍射和多缝干涉原理使光发生色散的元件。它在一块透明板上刻有大量等宽度等间距的平行刻痕,每条刻痕不透光,光只能从刻痕间的狭缝通过。因此,可把衍射光栅(简称为光栅)看成由大量相互平行等宽等间距的狭缝组成。由于光栅具有较大的色散率和较高的分辨本领,故它已被广泛地应用于各种光谱仪器中。光栅一般分为两类:一类是利用透射光进行衍射的光栅称为透射光栅;另一类是利用两刻痕间的反射光进行衍射的光栅称为反射光栅。本实验选用透射光栅,研究光栅衍射的规律,并测量光波的波长。

【实验目的】

1. 进一步熟悉分光计的调整和使用;
2. 观察光栅衍射的现象,测量汞灯谱线的波长。

【实验仪器】

分光计,光栅,汞灯,平面镜等。

【实验原理】

当一束平行单色光垂直入射到光栅上,透过光栅的每条狭缝的光都发生衍射,而通过光栅不同狭缝的光还要发生干涉,因此光栅的衍射条纹实际应是衍射和干涉的总效果。设光栅的刻痕宽度为 a,透明狭缝宽度为 b,相邻两缝间的距离 $d=a+b$,称为光栅常数,它是光栅的重要参数之一。

如图 3-11-1 所示,光栅常数为 d 的光栅,当单色平行光束与光栅法线成角度 i 入射于光栅平面上,光栅出射的衍射光束经过透镜会聚于焦平面上,就产生一组明暗相间的衍射条纹。设衍射光线 AD 与光栅法线所成的夹角(即衍射角)为 φ,从 B 点作 BC 垂直于入射线 CA,作 BD 垂直于衍射线 AD,则相邻透光狭缝对应位置两光线的光程差为

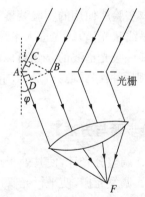

图 3-11-1　光栅衍射原理示意图

$$AC+AD=d(\sin\varphi+\sin i)。\quad(3-11-1)$$

当此光程差等于入射光波长的整数倍时,多光束干涉使光振动加强而在 F 处产生一个明条纹。因此,光栅衍射产生明条纹的条件为

$$d(\sin\varphi_k+\sin i)=k\lambda,\quad k=0,\pm1,\pm2,\cdots\quad(3-11-2)$$

式中 λ 为单色光波长,k 是亮条纹级次,φ_k 为 k 级谱线的衍射角,i 为光线的入射角。此式称为光栅方程,它是研究光栅衍射的重要公式。

本实验研究的是光线垂直入射时所形成的衍射,此时,入射角 $i=0$。
则光栅方程变为

$$d\sin\varphi_k=k\lambda,\quad k=0,\pm1,\pm2,\cdots\quad(3-11-3)$$

　　由式(3-11-3)可以看出,如果入射光为复色光,$k=0$ 时,有 $\varphi_0=0$,不同波长的零级亮纹重叠在一起,则零级条纹仍为复色光。当 k 为其他值时,不同波长的同级亮纹因有不同的衍射角而相互分开,即有不同的位置,因此,在透镜焦平面上将出现按短波向长波的次序自中央零级向两侧依次分开排列的彩色谱线。这种由光栅分光产生的光谱称为光栅光谱。

　　图 3-11-2 是汞灯平波射入光栅时所得的光谱示意图。中央亮线是零级主极大。在它的左右两侧各分布着 $k=\pm1$ 的可见光四色六波长的衍射谱线,称为第一级的光栅光谱。向外侧还有第二级、第三级谱线。由此可见,光栅具有将入射光分成按波长排列的光谱的功能。

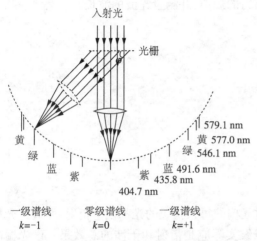

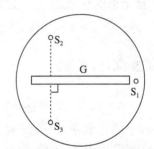

图 3-11-2　汞灯的光栅光谱示意图　　　　图 3-11-3　光栅 G 在载物台上的位置,
$\qquad\qquad\qquad\qquad\qquad\qquad\qquad\qquad\qquad$ S_1,S_2,S_3 为水平调节螺钉

　　本实验所使用的实验装置是分光计,光源为汞灯(它发出的光是波长不连续的可见光,其光谱是线状光谱)。光进入平行光管后垂直入射到光栅上,通过望远镜可观察到光栅光谱。对应于某一级光谱线的 φ 角可以精确地在刻度盘上读出。根据光栅公式,若汞灯绿色谱线波长已知,则可根据式(3-11-3)求得光栅常数 d 的值,再由该值及衍射角求得各谱线对应的光波波长。

【实验步骤与方法】

　　1. 调整分光计,使其处于正常使用状态。

　　2. 调整光栅,使平行光管产生的平行光垂直照射于光栅平面,且光栅的刻线与分光计旋转主轴平行,具体操作如下。

　　如图 3-11-3,将光栅放置于载物台上,光栅平面应垂直于载物台下的调平螺丝的连线,用望远镜观察光栅平面反射回来的亮十字,再轻微转动载物台,并通过调平螺丝 S_2 或 S_3 使亮十字像与分划板上方的黑十字重合,此时光栅平面与平行光管光轴就垂直了。然后放开望远镜制动螺丝,转动望远镜观察汞灯的衍射光谱,中央零级($k=0$)为白色亮线,望远镜转至两边时,均可看到分立的两紫、一绿、两黄共五条彩色谱线。个别光栅可看见蓝线,或只看到一条紫线。若发现左右两边光谱线不在同一水平线上说明光栅刻痕与分光计旋转主轴不平行,可调节调平螺丝 S_1,使两边谱线处于同一水平线上即可。同时,也可通过下述方法检查装置是否已调节好:先将望远镜的叉丝对准零级谱线的中心,从刻度盘读出入射光的方位,再测出在零级谱线左右两侧一对对应级次的谱线的方位,分别算出它们与入射光的夹角,如果两者相差不超过 2′ 就可以认为平行光线垂直入射光栅平面,即光栅平面与平行光管的光轴垂直。

3. 测量汞灯 $k=\pm 1$ 级时各条谱线的衍射角。

调节狭缝宽度适中,使衍射光谱中两条紧靠的黄谱线能分开。先将望远镜转至右侧,测量 $k=+1$ 级各谱线的位置,从左右两侧游标读数,分别记为 θ_A^{+1} 和 θ_B^{+1}。然后将望远镜转至左侧,测出 $k=-1$ 级各谱线的位置,读数分别计为 θ_A^{-1} 和 θ_B^{-1}。同一游标的读数相减得

$$\theta_A^{-1} - \theta_A^{+1} = 2\varphi_A, \theta_B^{-1} - \theta_B^{+1} = 2\varphi_B. \quad (3-11-4)$$

由于分光计偏心差的存在,衍射角 φ_A 和 φ_B 有差异,求其平均值可消除此偏心差。所以,各谱线的衍射角为

$$\varphi = \frac{\varphi_A + \varphi_B}{2} = \frac{\theta_A^{-1} - \theta_A^{+1} + \theta_B^{-1} - \theta_B^{+1}}{4}. \quad (3-11-5)$$

测量时,从最右端的黄2光开始,依次测黄1光,绿光……直到最左端的黄2光,对绿光重复测量三次。

4. 计算光栅常数和衍射谱线的波长。

汞灯绿色谱线波长为 546.1 nm,将所测绿色谱线的衍射角和波长代入式(3-11-3),并取谱线级次 $k=\pm 1$,求出光栅常数;将所求的光栅常数及各条光谱线的衍射角再代入式(3-11-3),求出每条谱线对应的波长。

【数据记录与处理】

谱线级数 $k=\pm 1$,光栅常数 $d=$_____cm。

表 3-11-1　汞灯谱线波长的测量

谱　线	游　标	分光计读数		$\varphi=\dfrac{\theta_A^{-1}-\theta_A^{+1}+\theta_B^{-1}-\theta_B^{+1}}{4}$	测量值 λ/nm	标　准波　长 λ_0/nm	相对误差/%
		$k=-1$	$k=+1$				
		θ^{-1}	θ^{+1}				
黄2光	A（左）						
	B（右）						
黄1光	A（左）						
	B（右）						
绿　光	A（左）			$\varphi_1=$			
				$\varphi_2=$			
	B（右）			$\varphi_3=$			

续表

谱　线	分光计读数			$\varphi = \dfrac{\theta_A^{-1} - \theta_A^{+1} + \theta_B^{-1} - \theta_B^{+1}}{4}$	测量值 λ/nm	标　准波　长 λ_0/nm	相对误差/%
	游　标	$k=-1$	$k=+1$				
		θ^{-1}	θ^{+1}				
蓝光	A（左）						
	B（右）						
紫2光	A（左）						
	B（右）						
紫1光	A（左）						
	B（右）						

【注意事项】

1. 汞灯的紫外线辐射很强,不可直视,以免损伤眼睛;

2. 光栅是精密光学元件,严禁用手触摸光栅表面以免损伤。

【思考】

1. 用式 $d\sin\varphi_k = k\lambda$ 测量波长 λ 时应保证什么条件? 如何实现?

2. 实验中如何检验光栅狭缝与仪器转轴平行?

3. 光栅分光与棱镜分光各有什么特点?

【附加内容】

衍射光栅简介

光绕过障碍物进入几何阴影区的现象称为光的衍射,它同光的干涉一起证实了光具有波动性。广义上,凡具有周期性空间结构或光学性能的衍射屏都可称为衍射光栅,它是光学仪器中常用的一种分光元件。当平行复色光垂直入射时,在光栅的同级衍射场中不同波长的谱线将按波长顺序展开。利用光栅的这一衍射特性可以进行光谱分析,研究物质的结构和组成等。光栅的用途相当广泛,常用在各类光学仪器(如单色仪、摄谱仪、光谱仪)中做分光元件;在光纤通讯、光计算机中做分光和耦合元件;在激光器中做选频元件;在光信息处理系统中做调制器和编码器等。

实验 3.12　光的干涉和衍射

光的干涉和衍射现象是光具有波动性的两个主要标志,也是光波在传播过程中两个最重要的属性。光的干涉与衍射现象在科学研究和生产技术中有广泛的应用,如利用光的干涉可制成干涉滤光片、测量光波长度、精确测量微小长度、测量微小厚度与角度、检测试件表面的光洁度等,利用光的衍射现象发展出了如光谱分析、全息技术、光信息处理、精密仪器测量等近代光学技术。

Ⅰ. 光的干涉

本实验通过特定的光学装置产生等厚干涉现象——牛顿环,并根据牛顿环干涉条纹的规律,利用读数显微镜测出平凸透镜的曲率半径。通过观察牛顿环的干涉条纹,同学们将更深刻地理解光的干涉条件和规律,学会利用等厚干涉的原理测量平凸透镜曲率半径的方法,训练操作读数显微镜的技能,从而掌握运用干涉现象进行工程测量的基本方法。

【实验目的】

1. 观察光的等厚干涉的现象,加深对光的干涉现象的认识;
2. 掌握读数显微镜的调节和使用;
3. 利用干涉方法测量平凸透镜的曲率半径 R。

【实验仪器】

实验装置如图 3-12-1 所示。

1. 读数显微镜的结构

读数显微镜是用来测量微小长度和微小距离的,它主要由三个部分组成:低放大倍数的显微镜、微小测量长度部分(多分度的游标或螺旋测微器)和机械部分。如图3-12-2 所示,显微镜装在一个由丝杆带动的镜筒支架上,这个支架连同显微镜安装在底座支架上。物镜通过调焦手轮 3、测微手轮 12 上下左右移动。底座上设有玻璃平台和压紧弹簧,可放置被测物体,底座中间装有平面反光镜 9。测微手轮 12 同螺旋测微器的微分筒一样,均匀刻有 100 个分度,转动测微手轮 12 可以带动显微镜沿标尺 13 左右移动,标尺的最小分度为 1 mm。测微手轮转动一周,显微镜沿标尺移动 1 mm,手轮转动一个分度,

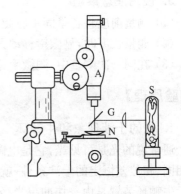

N—牛顿环装置;A—读数显微镜;
S—钠光灯;G—平面玻璃片

图 3-12-1　牛顿环实验装置

移动的微小距离为(1/100) mm,故可以准确读出(1/100) mm,估读到(1/1000) mm。有的读数显微镜测微手轮 12 上没有分度,而用 50 或 100 分格的游标代替标尺指示线。

2. 读数显微镜的使用与读数

（1）按要求将物镜 5 对准待测物体。

（2）调节显微镜的目镜到可清楚看到叉丝为止。

（3）旋转手轮 3，调节显微镜的焦距，使待测物体成像清晰。

（4）转动目镜，使叉丝竖线与待测物体的一个端面平行，并旋转测微手轮 12，使叉丝竖线与端面边线重合（或与待测的孔径一点相切），并记下标尺的数值 L_1（读数方法与螺旋测微器或游标卡尺相同）。继续旋转测微手轮 12，使叉丝竖线与待测物体另一端面边线重合（或与待测孔径对称的另一点相切），并读出标尺指示的数值 L_2，两次读数之差 ΔL，即为待测物体的长度（或孔径的大小）。

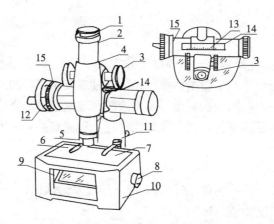

1—目镜；2—锁紧圈；3—调焦手轮；4—镜筒支架；5—物镜；6—压紧片；7—台面玻璃；
8—手轮；9—平面镜；10—底座；11—支架；12—测微手轮；13—标尺指示；
14—标尺；15—测微指示

图 3-12-2　读数显微镜

3. 使用注意事项

（1）测量前应将各紧固手轮旋紧，以防止发生意外；

（2）测量长度时，显微镜移动方向应和待测长度平行；

（3）在同一次测量中，测微手轮必须恒向一个方向旋转，以避免倒向产生回程误差。

【实验原理】

1. 光的干涉现象和牛顿环

通常说的光是可见光，它是电磁波中的一部分。如两列波相遇时，满足振动方向相同、频率相同、相位差恒定的干涉条件，就会产生干涉现象。

牛顿环装置是由一块曲率半径 R 较大的平凸玻璃透镜，将其凸面朝下放在一块光学平板玻璃片上构成的。平凸透镜的凸面和平玻璃之间的空气厚度从中心接触点到边缘逐渐增加。当单色平行光束垂直地射向牛顿环装置上时，经空气层上表面和下表面反射的两束光就产生光程差，它们在平凸透镜的凸面相遇后，将产生干涉，凡厚度相同的地方形成相同的干涉图样。当我们用显微镜进行观察时，可以清楚地观察到以接触点为中心的一系列明暗相间的同心圆环，如图 3-12-3 所示，这就是牛顿环，产生的条纹属于等厚干涉条纹。

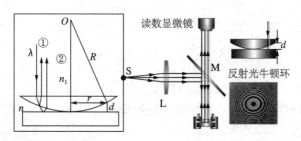

图 3-12-3　牛顿环的形成

2. 用牛顿环计算透镜的曲率半径

(1) 干涉条纹的规律

如图 3-12-3 所示,按照波动理论,设形成牛顿环处空气薄层厚度为 d,两束相干光的光程差为

$$\Delta = 2d + \lambda/2。 \tag{3-12-1}$$

则明条纹满足

$$\Delta = 2d + \lambda/2 = k\lambda, k = 1, 2, 3, \cdots \tag{3-12-2}$$

暗条纹满足

$$\Delta = 2d + \lambda/2 = (2k+1)\lambda/2, k = 0, 1, 2, 3, \cdots \tag{3-12-3}$$

式中 λ 为入射光的波长,$\lambda/2$ 是附加光程差,它是由于光在光密介质面上反射时产生的半波损失而引起的。光程差 Δ 仅与 d 有关,即厚度相同的地方干涉条纹相同。

(2) 平凸透镜曲率半径的测量

如图 3-12-4,由几何关系,在 B 点可得

$$R^2 = (R-d)^2 + r_k^2,$$

故

$$r_k^2 = 2Rd - d^2。$$

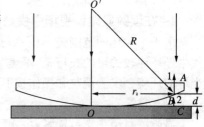

图 3-12-4　牛顿环

因为 $R \gg d$ 所以得

$$d = \frac{r_k^2}{2R}。 \tag{3-12-4}$$

上式表明 d 与 r_k^2 成正比,即离接触点越远,光程差增加越快,干涉条纹越来越密。

由式(3-12-1)、(3-12-3)、(3-12-4),得到第 k 级暗环的半径为

$$r_k^2 = kR\lambda, \tag{3-12-5}$$

即平凸透镜的曲率半径为

$$R = \frac{r_k^2}{k\lambda}。 \tag{3-12-6}$$

如果测出第 k 级暗环的半径 r_k,且单色光的波长 λ 已知时,就能算出球面的曲率半径 R。但在实验中由于机械压力引起的形变以及球面上可能存在的微小尘埃,使得凸面和平面接触处不可能是一个理想的点,而是一个不很规则的圆斑,所以牛顿环的中心不易确定,直接测出的 r_k 值比较困难。为此常利用两个暗环半径的平方差间接地计算出 R 的值。

以暗环为例,设第 m 级和第 n 级的暗环半径为 r_m 和 r_n 时,由式(3-12-5)得

$$r_m^2 - r_n^2 = (m-n)R\lambda,$$

即:

$$R = \frac{r_m^2 - r_n^2}{(m-n)\lambda} = \frac{(r_m + r_n)(r_m - r_n)}{(m-n)\lambda}。 \tag{3-12-7}$$

取 $m=14, n=4$,由图 3-12-5 所示,以 P_4'、P_4 和 P_{14}'、P_{14} 分别表示第 4 环暗坏和第 14 暗坏直径两端的位置坐标(P_{14}' 未标出),有

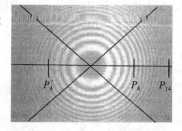

$$r_{14+4} = |P_{14} - P_4'|, \quad r_{14-4} = |P_{14} - P_4|。$$

所以得到

$$R = \frac{(r_m + r_n)(r_m - r_n)}{(m-n)\lambda} = \frac{|P_{14} - P_4'||P_{14} - P_4|}{(14-4)\lambda}。$$

$$(3-12-8) \qquad \text{图 3-12-5 干涉条纹}$$

可以看出此时式(3-12-8)中,R 与第 4 环和第 14 环的半径已无关,巧妙地避开了牛顿环圆心的问题,也就是说,只要测出第 4 环和第 14 环直径端点的相应坐标 P_4'、P_4 和 P_{14} 就可直接得到平凸透镜的曲率半径 R(实验中 $\lambda = 589.6$ nm)。

【实验步骤与方法】

首先开启钠光灯(需要预热 15 分钟左右),再把将牛顿环置于读数显微镜载物台上,按图 3-12-1 所示布置光路。

1. 在读数显微镜视场中找到牛顿环

由于牛顿环的范围较小(一般约几个毫米),能够从显微镜中顺利寻找牛顿环比较困难。找牛顿环比较关键的技巧是"聚焦"和"对准"在平凸透镜上,同时需要耐心、细致,逐步适应钠光灯的环境。实验调整和操作按下列顺序进行。

(1) 准备

显微镜目镜头螺钉锁紧,牛顿环放置在物镜下,使目镜靠近身前。

(2) 调整光路

待钠光灯正常发光后,使读数显微镜中的平玻璃 G 与钠光灯的透光孔基本在同一水平面上,透光孔对准 G,G 与水平面成 $45°$ 角,使钠光灯射出的光被 G 反射后恰好垂直投射到牛顿环装置上,同时移动显微镜左右方位,从目镜中看到视场被黄光均匀照亮。

(3) 调焦

目镜调焦:调节目镜看清叉丝,使图像最清晰。

显微镜调焦:调节目镜使十字叉丝清晰,旋转物镜调节手轮,使镜筒由最低位置缓慢上升,边升边观察,直到目镜中看到清晰的干涉条纹(牛顿环)为止,移动显微镜至测量中间区域,微调物镜调节手轮,进一步微调焦,使目镜中看到的叉丝像和牛顿环条纹间无视差为止(此调节要求在测量范围内进行)。

(4) 对准

略微移动牛顿环位置,使显微镜的十字叉丝将牛顿环中心大致四等分,如发现条纹不清晰,需进行焦距微调,直至条纹清晰为止。

2. 由牛顿环测量平凸透镜的曲率半径

转动读数显微镜测微手轮,观察准丝从牛顿环中央缓缓向左(或右)移动至第 20 环,然后

由第 20 环反向移动,测量并记录左第 14 暗环到左第 4 暗环的位置读数。以后继续同方向移动,通过牛顿环中心后到另一侧,测量并记录右第 4 暗环到右第 14 暗环的位置读数。在整个过程中显微镜只能始终朝同一个方向移动,否则会造成回程差;另外,叉丝交点与每环对准读数时,应是一环内切,另一环外切,或是对准暗环的中央,以消除条纹宽度造成的误差。重复测量两次记录在表 3 - 12 - 1 中。

【实验数据记录与处理】

表 3 - 12 - 1 牛顿环测量平凸透镜的曲率半径

$\lambda = 589.3$ nm

实验次数	P_{14}/mm	P_4/mm	P_4'/mm	$(r_{14}+r_4)$/mm	$(r_{14}-r_4)$/mm	R/mm	$\bar{R}$/mm
1							
2							

【注意事项】

1. 读数显微镜在调节过程中要防止物镜与牛顿环装置相碰撞。
2. 测量牛顿环直径过程中为了避免螺距的回程误差,只能单方向推进。
3. 取拿牛顿环时切忌触摸光学表面,如有不洁要用专门的揩镜纸擦拭。
4. 钠光灯点燃后,直到测试结束再关闭,中途不得随意开关,否则会降低钠光灯的使用寿命。
5. 条纹序数不能数错。

【思考】

1. 在牛顿环实验中,假如测量暗环半径时我们测的是暗环的弦,而不是直径,因而十字叉丝没有经过环心,这对实验结果是否有影响,为什么?
2. 在使用读数显微镜时应注意哪些问题?
3. 在平凸透镜和平板玻璃之间充满了其他介质,干涉条纹会有什么变化,如何解释?
4. 在光学中有一种利用牛顿环产生的原理来判断被测透镜凹凸的简单方法:用手轻压牛顿环装置中被测透镜的边缘,同时观察干涉条纹中心移动的方向,中心趋向加力点都为凸透镜,中心背离加力点都为凹透镜。这是什么道理?

Ⅱ. 光的衍射

依照光源、衍射孔(或缝)、屏三者的相互位置,可以把衍射分成两种,菲涅耳衍射和夫琅和费衍射,夫琅和费衍射也称单缝衍射。本实验研究单缝衍射,即将平行光垂直照射在狭缝上,通过狭缝形成的衍射光经后透镜汇聚到位于其后焦平面的观察屏上,衍射光在观察屏上形成一组明暗相间的条纹,中央条纹最亮,其宽度约为其他亮纹宽度的两倍,这组条纹就是夫琅和费单缝衍射条纹。本实验中同学们将通过观察单缝衍射的图像,了解其光强分布特点,学会测量单缝宽度的方法,从而进一步深刻认识衍射现象以及基本规律。

【实验目的】

1. 了解单缝夫琅和费衍射的实验装置,掌握衍射产生的条件及衍射的实质;
2. 观察单缝衍射条纹光强分布特点;
3. 利用单缝衍射的分布规律计算缝宽。

【实验仪器】

光源(激光或其他白炽灯)、可变单缝、透镜、卷尺、屏幕、测微目镜、CCD 摄像机、采集卡和计算机等。

实验装置如图 3-12-6 所示,用氦氖激光作光源,因其光束发散角 $\alpha \leqslant 10^{-3}$ rad,可看做较为理想的单色平行光。衍射光强的测量,用硅光电池作为光电转换元件。由数字电压表测量转换的光电流值,并以此作为照射到光电元件上的光强的相对值。在光电池盒正面装一可调狭缝光阑,用以改变光电面积。光电元件装在 x

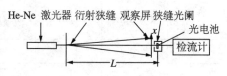

图 3-12-6　衍射实验

方向可调的光具座上,可沿 x 方向平移,以测量衍射光强的分布。

【实验原理】

光在传播过程中遇到障碍物时,会偏离原来的直线传播方向,并在障碍物后的观察屏幕上呈现光强的不均匀分布,这种现象称为光的衍射。当一束波长为 λ 的平行光射向缝宽为 a 的单缝时,在离缝很远的光屏上,呈现出如图 3-12-7(c)所示的衍射图像。这种衍射称为夫琅和费衍射,也称单缝衍射,它是光学仪器中最常见的衍射。

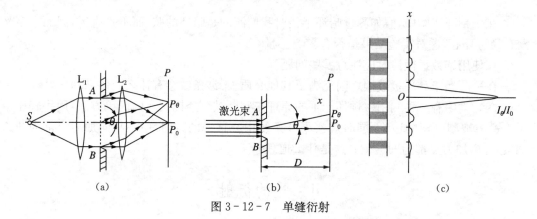

图 3-12-7　单缝衍射

为了满足产生单缝衍射的条件,可采用如图 3-12-7(a)所示(普通单色光,如钠光)的实验装置。单色点光源 S 位于透镜 L_1 的前焦面处,透镜 L_1 与透镜 L_2 同轴,且它们的光轴与单缝 AB 垂直并穿过单缝的中点,由 S 发出的光经过透镜 L_1 后成为平行光,平行光垂直照射在单缝 AB 上,向各个方向衍射的平行光束经过透镜 L_2 后会聚在观察屏幕 P 上(P 到 L_2 的距离为 L_2 的焦距 f),则在 P 上可呈现一组清晰的明暗相间的衍射条纹。根据惠更斯-菲涅耳原理,单缝 AB 上的每一点都可以看成是向各个方向发射球面子波的新波源,而在透镜 L_2 后焦面的屏幕上得到的衍射条纹就是由无数子波叠加形成的。

如图 3-12-7(a)所示,当一束单色平面光波垂直入射到单狭缝平面上时,在其透镜 L_2 的后焦面 P 上得到单缝的夫琅和费衍射条纹,其光强分布为

$$I = I_0 \left(\frac{\sin^2 u}{u^2} \right), \tag{3-12-9}$$

其中

$$u = \frac{\pi a \sin \theta}{\lambda}。 \tag{3-12-10}$$

式中 a 是单缝宽度,θ 是衍射角,λ 是单色光的波长,I_0 是的中心点 $\theta = 0$ 是光的强度。

由式(3-12-9)和式(3-12-10)可以看出:

(1) 当 $\theta = 0$ 时,$u = 0$,出现亮条纹,且光强有极大值 $I = I_0$,称为中央主极大。中央主极大的光强取决于光源的亮度,还和单缝宽度 a 的平方成正比。

(2) $\sin \theta = \frac{k\lambda}{a}$ 时,其中 $k = \pm 1, \pm 2, \pm 3, \cdots$,即 $u = \pm k\pi$,$I_0 = 0$,此时出现暗条纹,光强有极小值。由于单缝衍射时可清晰观察到的亮条纹对应的 θ 很小,有 $\sin \theta \approx \theta$,所以可近似地认为暗条纹出现的条件是

$$\theta = \frac{k\lambda}{a}。 \tag{3-12-11}$$

由此可知,相邻两个暗纹之间的距离与单缝宽度 a 成反比。

(3) 中央主极大两侧暗条纹之间的($k = \pm 1$)角宽度为

$$\Delta \theta = \frac{2\lambda}{a}, \tag{3-12-12}$$

这也是中央亮纹的角宽度。其他任意两条相邻的暗条纹之间的角宽度为 $\Delta \theta = \frac{\lambda}{a}$,即暗条纹以 P_0 为对称轴等间隔地对称均匀分布,如图 3-12-7(c)所示。

(4) 除中央主极大外,两相邻暗条纹之间还存在着各级亮条纹,这些亮条纹光强的最大值称为次级大。位置分别在 $\theta = \sin \theta = \pm 1.43 \frac{\lambda}{a}, \pm 2.46 \frac{\lambda}{a}, \pm 2.47 \frac{\lambda}{a}, \cdots$。次级大的位置是不等间隔的,但随着级数的增高,次级大逐渐趋向于等间隔。如果用相对光强 $\frac{I_\theta}{I_0}$ 表示衍射条纹的光强,中央主极大的相对光强为 1,则各级次级大的相对光强为

$$\frac{I_\theta}{I_0} = 0.047, 0.017, 0.008, \cdots$$

(5) 在实验中若采用激光光源,因为激光束的发散角很小,可视为平行光,图 3-12-7 中的透镜 L_1 可以移去;若再将观察屏放在距单缝足够远处,使得 $D \gg a$,则透镜 L_2 亦可以移去。

如图 3-12-7(b),设从 P_θ 到 P_0 的距离为 x,单缝到观察屏的距离为 D,则 $\tan \theta = \frac{x}{D}$,因为 θ 很小,所以

$$\sin \theta \approx \tan \theta \approx \theta,$$

即有

$$\theta = \frac{k\lambda}{a} = \frac{x}{D} (k = \pm 1, \pm 2, \pm 3, \cdots)。 \tag{3-12-13}$$

可见,若测出某一极小值的位置,便可由光强极小值条件计算狭缝的宽度。

【实验步骤与方法】

1. 观察单缝衍射现象

(1) 调节激光束与光具座平行;

(2) 布置单缝与观察屏,且使之与激光束垂直;

(3) 改变单缝宽度,观察衍射条纹的变化规律,调出最佳待测衍射图像。

2. 测量单缝衍射的光强分布

(1) 移去观察屏,使衍射光照射光电池。调节光电池狭缝光阑,使测量中央主极大处的相对光强对应的数字电压表有较高的显示值;

(2) 沿水平方向平移光电池,以比较小的间隔,逐点测出衍射光的相对光强 I_θ 和对应的位置 P_θ。衍射光强的极大值与极小值所对应的位置 P_0 和 P_θ 应仔细测量;

(3) 测量单缝到光电池的距离 L;

(4) 以相对光强 I_θ 及其对应的位置 P_θ 为纵、横坐标,作单缝衍射的光强分布曲线。

(5) 利用式(3-12-11)计算单缝宽度 a。取不同级数测量数据进行计算,求平均值。

【实验记录与数据处理】

1. 记录实验中观察到的条纹变化情况,并说明原因;

2. 根据测量数据作光强分布曲线;

3. 自拟表格,记录实验数据,并计算缝宽。

【注意事项】

实验中注意不要让激光直接射入眼睛。

【思考】

1. 单缝衍射图像(包括光强分布)具有哪些特点?

2. 改变单缝的宽度,衍射条纹应有怎样的变化?

3. 在单缝夫琅和费衍射图像中,中央亮纹的角宽度与各次极大(亮纹)角宽度间有何关系?

4. 双缝夫琅和费衍射和杨氏双缝干涉的条纹有什么区别?

实验 3.13 光电效应与普朗克常数的测定

光电效应是由赫兹在 1887 年首先发现的,这一发现对认识光的本质具有极其重要的意义。1905 年,爱因斯坦从普朗克的能量子假设中得到启发,提出光量子的概念,成功地说明了光电效应的实验规律。1916 年,密立根以精确的光电效应实验证实了爱因斯坦的光电方程,测出的普朗克常数与按普朗克绝对黑体辐射定律中计算的值完全一致。光电效应是指一定频率的光照射在金属表面时会有电子从金属表面逸出的现象。光电效应实验对于认识光的本质及早期量子理论的发展,具有里程碑式的意义。光量子理论创立后,在固体比热容、辐射理论、原子光谱等方面都获得了成功,人们逐步认识到光具有波动和粒子二象性。光子的能量 $E = h\nu$ 与频率有关,当光传播时,显示出光的波动性,产生干涉、衍射、偏振等现象;当光和物体发生作用时,它的粒子性又突显了出来。后来科学家发现波粒二象性是一切微观物体的固有属性,并发展了量子力学来描述和解释微观物体的运动规律,使人们对客观世界的认识前进了一大步。

【实验目的】

1. 了解光电效应的基本规律,加深对光的量子性的理解;
2. 学会测量普朗克常数 h。

【实验仪器】

ZKY-GD-4 智能光电效应实验仪。仪器由汞灯及电源,滤色片,光阑,光电管、智能测试仪构成,仪器结构如图 3-13-1 所示,测试仪的调节面板如图 3-13-2 所示。测试仪有手动和自动两种工作模式,具有数据自动采集、存储,实时显示采集数据,动态显示采集曲线(连接普通示波器,可同时显示 5 个存储区中存储的曲线)及采集完成后查询数据的功能。

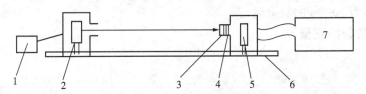

1—汞灯电源;2—汞灯;3—滤色片;4—光阑;5—光电管;6—基座;7—测试仪

图 3-13-1 仪器结构图

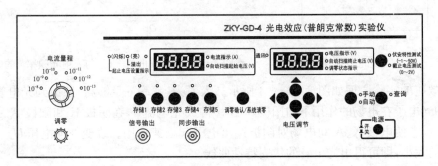

图 3-13-2 测试仪面板图

【实验原理】

1. 光电效应及光量子论

光电效应是指一定频率的光照射在金属表面时会有电子从金属表面逸出的现象。所产生的电子称为光电子。

在解释光电效应的机制时,经典物理学遇到不可克服的困难,为此,爱因斯坦提出光子假设:一束频率为 ν 的光是一束以光速运动的、能量为 $h\nu$ 的粒子流,这些粒子称为光量子,简称光子,h 为普朗克常量。

按照光量子理论和能量守恒定律,爱因斯坦提出了著名的光电效应方程:

$$h\nu = \frac{1}{2}mv_0^2 + A, \tag{3-13-1}$$

式中,A 为金属的逸出功,$\frac{1}{2}mv_0^2$ 为光电子获得的初动能。

爱因斯坦认为,当频率为 ν 的光束照射在金属表面上时,光子能量被单个电子所吸收,使电子获得能量 $h\nu$,当入射光的频率 ν 足够高时,可以使电子从金属表面逸出,逸出时所需要做的功称为逸出功 A,逸出电子的初动能为 $\frac{1}{2}mv_0^2$。

2. 光电效应的基本规律

(1) 对一定的金属,只有当入射光的频率高于某一频率时,才会发射出光电子,这一频率称为截止频率 ν_0。当入射光的频率小于截止频率 ν_0 时,不管入射光的强度多大,都不会产生光电效应。

(2) 光电子的初动能与光的频率成正比而与光强无关。

(3) 光电子的数目与光的频率无关,只依赖于光的强度。

(4) 光电效应是瞬时效应,只要入射光频率大于 ν_0,在开始照射后立即有光电子产生,所经过的时间至多为 10^{-9} s 的数量级。

3. 普朗克常数的测量

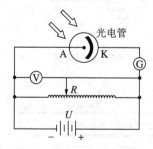
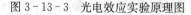
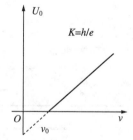

图 3-13-3　光电效应实验原理图　　　图 3-13-4　截止电压 U_0 与入射光频率 ν 的关系图

光电效应的实验原理如图 3-13-3 所示。入射光(频率 ν 足够高)照射到光电管阴极 K 上,产生的光电子在电场的作用下向阳极 A 迁移构成光电流 I,在阴极 K 和阳极 A 之间加反向电压 U_{AK},它使电极 K、A 间场对阴极逸出电子起减速作用。改变外加电压 U_{AK},测量出光电流 I 的大小,即可得出光电管的伏安特性曲线。

由式(3-13-1)可见,入射到金属表面的光频率越高,逸出的电子动能越大,所以即使阳极电位比阴极电位低,也会有电子落入阳极形成光电流,随着反向电压的增加,到达阳极的光电子逐渐减少。当反向电压达到 U_0 时,光电流降到零,U_0 被称为截止电压。此时有关系:

$$eU_0 = \frac{1}{2}mv_0^2 \text{。} \tag{3-13-2}$$

阳极电位高于阴极电位时,随着阳极电位的升高,阳极对阴极发射的电子的收集作用越强,光电流随之上升;当阳极电压高到一定程度,已把阴极发射的光电子几乎全收集到阳极,再增加 U_{AK} 时 I 不再变化,光电流出现饱和,饱和光电流 I_M 的大小与入射光的强度 P 成正比。

光子的能量 $h\nu_0 < A$ 时,电子不能脱离金属,因而没有光电流产生。产生光电效应的最低频率(截止频率)是 $\nu_0 = A/h$。

将式(3-13-2)代入式(3-13-1)可得

$$eU_0 = h\nu - A \text{。} \tag{3-13-3}$$

此式表明截止电压 U_0 是频率 ν 的线性函数,直线斜率 $K = h/e$,只要用实验方法得到不同的频率入射光的 $U_0 - \nu$ 曲线(如图 3-13-4),求出直线斜率,就可算出普朗克常数 h。

【实验步骤与方法】

1. 测试前准备

(1) 测试仪及汞灯电源接通(汞灯及光电管暗箱遮光盖盖上),预热 20 分钟。

(2) 调整光电管与汞灯距离约为 40 cm 并保持不变。

(3) 用专用连接线将光电管暗箱电流输入端与测试仪电流输入端连接起来。

2. 测量普朗克常量 h

(1) 电压选择置于 $-2 \sim +2$ V 挡;电流选择为 10^{-13} A 挡。调零后,将直径为 4 mm 的光阑和 365.0 nm 的滤色片装入光电管暗箱光入口处。

(2) 从低到高调节电压 U_{AK},直至电流为 0 A,将读数记录在表 3-13-1 中。

(3) 依次换上 404.7 nm,435.8 nm,546.1 nm,577.0 nm 的滤色片,重复测量,将读数记录在表 3-13-1 中。

【实验数据记录与处理】

1. 实验数据记录

光阑 $\Phi = $ _____ mm。

表 3-13-1　$U_0 - \nu$ 关系数据记录表

波长 λ_i/nm	365.0	404.7	435.8	546.1	577.0
频率 ν_i/$(\times 10^{14}$ Hz$)$	8.214	7.408	6.879	5.490	5.196
截止电压 U_{0i}/V					

2. 数据处理

由表 3-13-1 的实验数据,得出 $U_0 - \nu$ 直线的斜率 K,即可用 $h = eK$ 求出普朗克常数,并与 h 的公认值 h_0 比较,求出相对误差 $E = \dfrac{h - h_0}{h_0}$,式中 $e = 1.602 \times 10^{-19}$ C,$h_0 = 6.626 \times 10^{-34}$ J·s。

3. 光电效应方程的验证

利用不同频率的入射光照射光电管,可以得到不同频率条件下的 U_0-ν 曲线,若出现直线,则证明了爱因斯坦光电效应方程的正确。

【注意事项】

1. 汞灯打开后,直至实验全部完成后再关闭,一旦中途关闭电源,至少等 5 分钟后再启动;

2. 注意勿使电源输出端与地短路,以免烧毁电源;

3. 实验过程中不要改变光源与光电管之间的距离,以免改变入射光的强度;

4. 注意保持滤色片的清洁,不要随意擦拭滤色片;

5. 实验后用遮光罩罩住光电管暗盒,以保护光电管。

【思考】

1. 光电流是否随光源的强度变化而变化?

2. 在实验过程中,若改变了光源与光电管之间的距离,对 U_0-ν 曲线有何影响? 对求普朗克常数是否有影响?

实验 3.14　传感器综合实验

什么叫传感器？从广义上讲，传感器就是能感知外界信息并能按一定规律将这些信息转换成可用信号的装置，一般地说传感器就是将外界信号转换为电信号的装置。传感器一般由敏感元器件(感知元件)和转换器件两部分组成，有的半导体敏感元器件可以直接输出电信号，本身就构成传感器。敏感元器件品种繁多，就其感知外界信息的原理来讲，可分为：① 物理类，基于力、热、光、电、磁和声等物理效应；② 化学类，基于化学反应的原理；③ 生物类，基于酶、抗体、激素等分子识别功能。通常根据传感器的基本感知功能可分为热敏元件、光敏元件、气敏元件、力敏元件、磁敏元件、湿敏元件、声敏元件、放射线敏感元件、色敏元件和味敏元件等十大类(还有人曾将传感器分 46 类)。

传感器技术是当今世界令人瞩目的一项高新技术，也是当代科学技术发展的一个重要标志，它与通信技术、计算机技术构成信息产业的三大支柱。作为机电系的学生，许多专业都要求学生了解、掌握传感器的有关原理和应用，比如汽修专业，传感器就是一个重点内容。目前，普通汽车上大约装有几十到近百只传感器，高级豪华轿车则更多，这些传感器主要分布在发动机控制系统、底盘控制系统和车身控制系统中。

本实验一方面使学生对传感器有一个初步的感性认识，为后继专业打基础；另一方面引导学生从生活走向物理，从物理走向社会，理解科学技术与社会的密切关系。

【实验目的】

1. 了解声控、红外感应、热电偶等传感器的工作原理；
2. 学习场景控制电路的设计，以及实际电路的安装。

【实验仪器】

人体感应延迟开关，声光控节能开关，热电偶，温度调节仪，交流接触器，白炽灯，蜂鸣器，风扇，漏电开关，导线等。

【实验原理】

1. 红外线感应开关

人体都有恒定的体温，一般为 37℃，所以会发出特定波长(10 μm 左右)的红外线，被动式红外探头就是靠探测人体发射的红外线进行工作的。人体发射的红外线通过菲涅耳滤光片增强后聚集到红外感应源上，红外感应源通常采用热释电元件，这种元件在接收到人体红外辐射温度发生变化时就会失去电荷平衡，向外释放电荷，后续电路经检测处理后就能产生报警信号。

热释电效应同压电效应类似，是指由于温度的变化而引起晶体表面荷电的现象。热释电传感器是对温度敏感的传感器。它由陶瓷氧化物或压电晶体元件组成，将元件两个表面做成电极。当在传感器监测范围内温度有 ΔT 的变化时，由于热释电效应，在两个电极上会产生电荷 ΔQ，即在两电极之间产生一微弱的电压 ΔU。由于元件的输出阻抗极高，在传感器中设计了一个场效应管进行阻抗变换。热释电效应所产生的电荷 ΔQ 会与空气中的离子结合而消失,即当环境温度稳定不变($\Delta T=0$)时,传感器无输出。当人体进入检测区,因人体温度与环境温度有差别,产生 ΔT,则有电信号输出;若人体进入检测区后不动,则温度没有变化,传感器也就没有输出了。所以这种传感器检测的是人体或者动物的活动传感。

本实验采用的是红外线感应开关 L–333。

2. 声光控延时开关

声光自动控制延时开关的原理说明如下。白天或夜晚光线较亮时,光控部分将开关自动关断,声控部分不起作用。当光线较暗时,光控部分将开关自动打开,负载电路的通断受控于声控部分。电路是否接通,取决于声音信号强度。当声强达到一定程度时,电路自动接通,点亮白炽灯,并开始延时,延时时间到,开关自动关断,等待下一次声音信号触发。这样,此开关通过对环境声光信号的检测与处理,完成电路通断的自动开关控制。

光控电路利用光敏管受光以后内阻发生变化的特性,而使电路开关的状态发生变化。光敏传感器有光敏二极管、光敏三极管、光敏电阻、光敏电池等等。(早期生产的玻璃壳封制晶体管,刮掉外面黑色遮光油漆后就是一个不错的光敏管。)照射光敏元件的光源既可以是可见光,也可以是红外线等不可见光源,不同的光敏元件有着不同的光谱感应。

声控就是用声音去控制对象动作,声控传感器一般采用驻极体话筒或压电陶瓷片作为传感元件来拾取声音,通过电路放大,驱动后级电路开关动作。为防止外界音频干扰,声控传感器可以采用超声波控制,但也有故意选用声频来进行控制的,比如用小孩发出的声音频率去控制声控玩具娃娃的哭笑动作等。

本实验采用 86 型声光控延时开关。

3. 温控电路

(1) 温度传感器

温度是一个基本的物理量,自然界中的一切过程无不与温度密切相关。温度传感器是最早开发,应用最广的一类传感器。根据美国仪器学会的调查,1990 年,温度传感器的市场份额大大超过了其他的传感器。从 17 世纪初伽利略发明温度计开始,人们开始对温度进行测量。真正把温度变成电信号的传感器是 1821 年由德国物理学家赛贝发明的,这就是后来的热电偶传感器。50 年以后,另一位德国人西门子发明了铂电阻温度计。在半导体技术的支持下,上世纪相继开发了半导体热电偶传感器、PN 结温度传感器和集成温度传感器等。

以下主要介绍常用的热电偶温度传感器。两种不同材质的导体,在某点互相连接在一起,如对这个连接点加热,则在它们不加热的部位就会出现电势差。这个电势差的数值与不加热部位测量点的温度有关,和这两种导体的材质有关。这种现象可以在很宽的温度范围内出现,如果精确测量这个电势差,再测出不加热部位的环境温度,就可以准确知道加热点的温度。由于这种元件必须由两种不同材质的导体构成,所以称之为"热电偶"。不同材质做出的热电偶使用于不同的温度范围,它们的灵敏度也各不相同。热电偶的灵敏度是指加热点温度变化 1℃时,输出电势差的变化量。对于大多数金属材料制成的热电偶而言,这个数值大约在 5～40 $\mu V/℃$之间。

由于构成热电偶的金属材料可以耐受很高的温度,例如钨-铼热电偶能够工作在 2000℃以上的高温,热电偶传感器常常用来检测高温环境的热物理参数;还有的材料能够在低温下工作,例如金-铁热电偶能够在液氮的温度附近工作,因此热电偶传感器也适用于低温情况。可见热电偶传感器能够在很广泛的温度范围内工作。

（2）温度调节仪表

温度调节仪与各类传感器、变送器等配合使用，可对温度、压力、液位、流量等诸多物理量进行测量和显示，因而温度传感器的应用十分广泛，如 TDA、TDW、TE72、TE96 等系列电子式温度指示调节仪体积小、重量轻、外形美、可靠性好、抗震动和抗干扰性能强，配热电偶的仪表具有冷端自动补偿功能，可广泛应用于冶金、塑料机械、橡胶机械、包装机械、服装、食品、印染等行业。

（3）交流接触器

本实验所用的 CJT1 系列交流接触器属于真空式交流接触器，用于交流 50 Hz、电压 220～380 V、额定工作电流为 10～150 A 的电力线路中，供远距离接通和分断之用。可与适当的热继电器或电子式保护装置组成电磁启动器，以保护可能发生过载的电路。

【实验步骤与方法】

1. 学生根据不同的场景选择适当的传感器开关，并利用该开关模拟实例连接电路。

供选择的开关有：人体感应延迟开关，声光控节能开关，温控开关（温度调节仪、交流接触器、热电偶）。

场景一：当电脑长时间工作时，设定温度达到 50℃时，电扇自动开始工作；

场景二：建筑工地为防止晚上有人偷盗建筑材料，需安装报警器。当有人偷偷进入时，报警器自动开始报警；

场景三：晚上，张三回家，他家住五楼，楼梯里一片漆黑。他希望在楼梯间里安装灯，等他来到楼下时，灯能自动开启。

2. 学生自选其中的一个场景，选择合适的器材，连接成回路，使各元件能正常工作。

3. 根据场景的要求，进行测试。

说明：温控开关由温度调节仪、交流接触器、热电偶组成。在连接电路前，先用万用表测量出热电偶两极之间的电压 U_1，然后将热电偶插入热水中，再测量出它两极之间的电压 U_2。比较 U_1 和 U_2，体会热电偶传感器的原理。另外为安全起见，电路中还应接有漏电开关。

实验 3.15　光通讯综合实验

现代社会要求传递的信息内容非常丰富,包括各种声音与图像的信息。用光来传递信息是最快的通信方式,现代的光通信使之成为现实。它把传递信息调制成光信号,经过光的传播,在接收方把调制的光信号解调还原成原来信息。本实验采用光直接调制,即通过信号发送器,使光信号的强弱变化与信号的变化一致,以实现光通讯。光源可以是白炽灯、发光二极管(LED 发光管)、激光器等,光的传播媒介可以是透明的气体、液体、固体,一般短距离通信可直接在大气中传播,长距离则常用光纤传播。

LC-1 光通讯实验仪采用半导体激光、LED 发光管和小电珠发送可见光,应用现代光电传感器接收光信号,是实验教学的新设备。由本实验可知,光与电一样可以作为信息的载体来进行通信。光纤通信与以往的电气通信相比,主要区别在于:它传输频带宽、通信容量大;传输损耗低、中继距离长;线径细、重量轻;原料为石英,节省金属材料,有利于资源合理使用;绝缘、抗电磁干扰性能强;具有抗腐蚀能力强、抗辐射能力强、可绕性好、无电火花、泄露小、保密性强等优点。

现代光通信中对光的调制有时间调制和空间调制两种,本实验装置所做的实验属于时间光调制。常用的时间调制方法还有电调制(利用克尔效应或泡克耳斯效应)、磁调制(利用法拉第效应)、声调制(利用拉曼-奈斯效应)等。空间光调制常用液晶光阀。

【实验目的】

1. 了解光通信原理;
2. 学习使用光通讯发送和接收实验仪,熟悉各种传感器;
3. 体会光纤通信的优点。

【实验仪器】

LCT-1 光通讯发送实验仪,LCR-1 光通讯接收实验仪,实验架和聚焦透镜,硅光电池传感器,LED 发送传感器,可见激光发送传感器,收音机。

实验器材如图 3-15-1,其中 LCT-1 光通讯发送实验仪与 LCR-1 光通讯接收实验仪的面板如图 3-15-2 所示。

图 3-15-1　光通讯实验器材

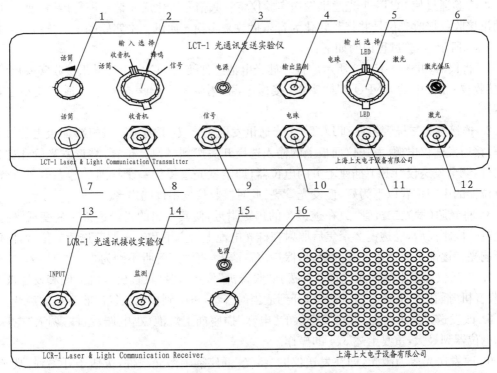

1—话筒输入信号幅度调节电位器；2—输入信号选择开关；3—电源接通指示灯；4—调制输出信号监测；5—输出插孔选择开关；6—激光工作偏压调节电位器；7—话筒输入插孔；8—收音机输入插孔；9—信号（发生器）输入插孔；10—连接电珠插孔；11—连接发光二极管插孔；12—连接半导体激光器插孔；13—连接硅光电池插孔；14—硅光电池输出信号监测插孔；15—电源接通指示灯；16—音量调节旋钮

图 3-15-2   LC-1 光通讯实验仪

【实验原理】

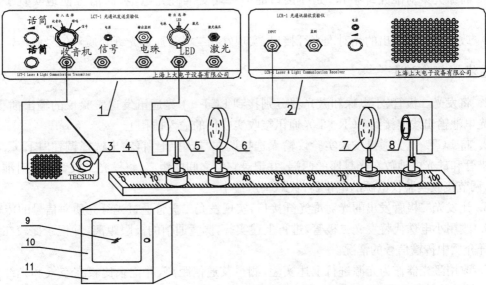

1—信号发送仪；2—信号接收仪；3—收音机；4—实验架；5—光信号源（激光，LED 光和白光）；
6—透镜 1；7—透镜 2；8—光信号接收传感器；9—反射镜；10—木箱门；11—木箱

图 3-15-3   光通讯实验光路电路图

本实验通过使 LCT-1 光通讯发送实验仪将音频信号转化成光信号进行传播,使 LCR-1 光通讯接收仪接收光信号并将其转化为音乐播放来实现光通讯。本实验的电路连接说明如图 3-15-3 所示,实验过程说明如下:

1. 将仪器如图 3-15-3 所示放置。硅光电池组件接入 LCR-1 光通讯接收实验仪(下简称:接收仪)面板中的"INPUT"插座中,接通电源,喇叭发出噪声杂音。可适当关小音量电位器。

2. 连接发光二极管组件到 LCT-1 光通讯发送实验仪(下简称:发送仪)面板上的"LED"插座,接通发送仪电源,发送仪面板上的输入选择开关拨到"蜂鸣"位置,靠近发光管和硅光电池组件,调节发送仪"LED"插座上方的电位器,即给发光管提供一个导通的静态电压,该电压以电位器的中间位置以下为好,使发光管亮,此时接收仪发出蜂鸣声音。

3. 将光源(发光二极管)放在透镜 1 的焦距附近,使其发出的光经透镜 1 后变成平行光,再经过一段距离后,经透镜 2 聚焦后照射在硅光电池上。上下和左右调节透镜的位置,使声音清晰响亮。逐渐扩大透镜 1、2 的距离,保持声音清晰,直到声音听不到为止。

4. 发送仪面板上的输入选择开关拨到"收音机"位置,连接收音机耳机插座和发送仪面板上"收音机"插孔,打开收音机,收音机开到适当的音量,可听到接收仪发出收音机的声音。

5. 改发送光源为白光,即在发送仪的"电珠"插座插上灯泡(小电珠)组件,调大"电珠"上方的电位器到最大,重复上述 3、4 的操作。

6. 改发送光源为激光,即在发送仪的"激光"插座插上激光组件,拨钮子开关到"激光"位置,即打开激光组件的电源开关。适当调节"激光"插座上方的电位器,激光器发出红色激光,让激光对准硅光电池,接收仪依照输入的选择发出相应的声音。如果声音很轻或失真太大,可调节"激光"插座上方的电位器,不过频繁调节电位器有缩短激光器寿命的可能,请加以避免。在用激光器作发送光源时,因其具有很好的方向性,在短距离内无需用聚焦镜,调节激光器发光端盖,使激光束在一定的距离内有一个小的光斑,可试一试其传输多远距离仍能听到声音。

7. 将激光束对准光纤接口,光纤接口的另一端对准硅光电池,简洁方便地实现了光纤通信。

8. 改用发光管发出的光对准光纤接口,实现发光二极管通过光纤介质对信号的传输。

【实验步骤与方法】

1. 将发光二极管、小电珠和激光器分别接到 LCT-1 光通讯发送实验仪的输出插孔上,将硅光电池输出线连接到 LCR-1 光通讯接收实验仪的输入插孔上。

2. 将 LCT-1 光通讯发送实验仪输入选择调在"蜂鸣"上,将输出选择调在"LED",将发光二极管和硅光电池放在光具座的两端,并记录它们之间的距离,将发光二极管发光对准硅光电池,调节接收实验仪电源的电位器,让蜂鸣声最小。

3. 让发光二极管发出的光对准光纤接口,实现发光二极管通过光纤介质对信号的传输。

4. 改用小电珠代替发光二极管,进行上述实验,测量通信的极限距离,并记录比较在空气和光纤介质中传输信号的情况。

5. 改用激光器作为光源进行上述实验,测量其通信距离,并记录比较在空气和光纤介质中传输信号的情况。

6. 保持音量不变,在光源(小电珠)和硅光电池之间放一个透镜时,测量它们间最大可听见的距离。

7. 保持音量不变,在光源(小电珠)和硅光电池之间放两个透镜时,测量它们间最大可听见的距离。

8. 做好实验后把仪器关掉,整理好实验台。

【实验数据记录与处理】

表 3 - 15 - 1　不同光源的光通讯情况

所 用 电 源	在空气中传播距离/cm	比较在光纤中的传播情况
发光二极管		
小电珠		
激光器		

表 3 - 15 - 2　透镜对光通讯影响

所 用 电 源	一个透镜时传播最远距离/cm	两个透镜时传播最远距离/cm
小电珠		

【注意事项】

1. 实验时激光束要对准接收器的接收孔。

2. 连好电路后,再将电源插头插到插座上。

3. 实验完毕,应及时拔下电源插头。仪器长时间不用时,应将电池取出。

【思考】

1. 怎样调节使光源和接收传感器放在透镜 1 和透镜 2 的焦距附近?

2. 光源用小电珠、发光二极管、激光各有什么特点? 哪一种较好? 为什么?

3. 在做光纤通信实验时,光纤两端各应放在什么位置?

4. 是否可以用收音机做光直接调制实验? 请提出设计方案。

【附加内容】

光信号传输的幅频特性测量

测量光信号传输幅频特性的实验过程如下:

1. 将仪器如图 3 - 15 - 3 所示放置。硅光电池组件接入 LCR - 1 光通讯接收实验仪面板中的"INPUT"插座中,接通电源,喇叭发出噪声杂音。可适当调小音量电位器。将接收仪面板中的监测插座连接到示波器 CH2 通道或高频交流电压表上。

2. 连接发光二极管组件到 LCT - 1 光通讯发送实验仪面板上的"LED"插座,连接信号发生器的输出到发送仪面板上"收音机"插孔,发送仪面板上的输入选择开关拨到"收音机"位置,将发送仪面板上监测插座连接到示波器的 CH1 通道或高频交流电压表上,接通发送仪电源,调节信号发生器的频率为 1 kHz,调节信号发生器的输出,使 CH1 通道信号为标准 1 dB(600

mV)，靠近发光管和硅光电池组件，调节发送仪"LED"插座上方的电位器，即提供发光管一个导通的静态电压，使发光管亮。测量并记录示波器 CH2 通道或高频交流电压表的读数。

3. 将光源(发光二极管)放在透镜 1 的焦距附近，使其发出的光经透镜 1 后变成平行光，再经过一段距离后，经透镜 2 聚焦后照射在硅光电池上，上下和左右调节透镜的位置，使示波器 CH2 通道或高频交流电压表的读数为最大。逐渐扩大透镜 1、2 的距离，记录示波器 CH2 通道或高频交流电压表的读数。

4. 保持光源接收硅光电池和聚焦镜相对位置不变，改变信号发生器的信号频率，200 Hz，500 Hz，1 kHz，2 kHz，5 kHz，10 kHz，20 kHz，50 kHz，维持 CH1 通道信号为标准 1 dB (600 mV)，记录示波器 CH2 通道或高频交流电压表的读数，即测量该传输系统的幅频特性。

5. 改发送光源为白光，即在发送仪的"电珠"插座插上灯泡(小电珠)组件，调大"电珠"上方的电位器到最大，重复上述步骤 2、3、4 的操作。

6. 改发送光源为激光，即在发送仪的"激光"插座插上激光组件，选择开关到"激光"位置，即打开激光组件的电源开关，同时监测插座的信号为激光器的信号，调节信号发生器的输出，使示波器的 CH1 通道信号为标准 1 dB (600 mV)，的适当调节"激光"插座上方的电位器，激光器发出红色激光，让激光对准硅光电池，记录示波器 CH2 通道或高频交流电压表的读数，调节激光器发光端盖，使激光束在一定的距离内有一个小的光斑，可试一试其传输多远距离信号才衰减到原来的一半。保持一定的距离，重复上述步骤 4 的操作。测量激光传输的幅频特性。

7. 将激光束对准光纤接口，光纤接口的另一端对准硅光电池，简洁方便地实现了光纤通信，重复步骤 2、3、4 的操作，测量由激光和光纤组成的传输系统的幅频特性。

8. 改用发光二极管发出的光对准光纤接口，实现发光二极管通过光纤介质对信号的传输。重复步骤 2、3、4 的操作，测量由发光二极管和光纤组成的传输系统的幅频特性。

第4章 设计性实验

实验 4.1 碰撞打靶

物体间的碰撞是自然界中普遍存在的现象；单摆运动和平抛运动是运动学中的基本内容；能量守恒与动量守恒是力学中的重要概念。本实验研究两个球体的碰撞及碰撞前后的单摆运动和平抛运动，应用已学到的力学定律去解决打靶的实际问题，特别是从理论分析与实践结果的差别上去研究实验过程中能量损失的原因。自行设计实验来分析各种能量损失的相对大小，从而更深入地理解力学原理，提高分析问题、解决问题的能力。

【实验目的】

1. 研究两球碰撞的过程与碰撞后的平抛运动；
2. 研究铁球分别与铁球、铝球、铜球碰撞中的能量转换守恒以及动量转换守恒；
3. 比较实验值和理论值的差异，分析能量损失的大小及其主要原因。

【实验仪器】

CP-1 碰撞打靶实验仪，如图 4-1-1 所示。

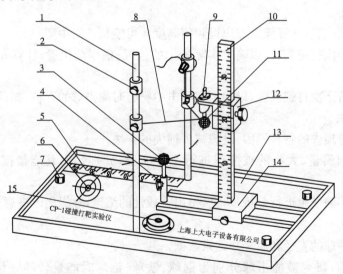

1—绳立柱；2—绳栓部件；3—被碰撞球体；4—撞击球升降台高度调节钮；5—水平直尺；
6—靶心；7—脚旋钮；8—系绳；9—电磁铁；10—垂直标尺；11—碰撞钢球；
12—升降调节部件；13—仪器底座；14—垂直杆底座；15—水准仪

图 4-1-1 CP-1 碰撞打靶实验仪

【实验原理】

1. 碰撞:指两物体相互接触时,运动状态发生迅速变化的现象。

2. 平抛运动:物体以一定的初速度 v_0 沿水平方向抛出,在不计空气阻力的情况下,物体所做的运动称为平抛运动,运动的轨迹为 $x=v_0t, y=\dfrac{1}{2}gt^2$(其中,$t$ 是从抛出开始计算的时间,x 是物体在该时间内水平方向的位移,y 是物体在该时间内竖直方向的位移,g 是重力加速度)。

3. 在重力场中,质量为 m 的物体,被提高 h 距离后,其重力势能 E_p 增加了 mgh。

4. 质量为 m 的物体以速度 v 运动时,其动能为 $E_k=\dfrac{1}{2}mv^2$。

5. 机械能的转化和守恒定律:除重力和弹簧弹力以外的力对物体没有做功,或所做的功为零,物体在势能和动能相互转化过程中,物体的总机械能(即势能和动能总和)保持不变。

6. 弹性碰撞:在碰撞过程中没有机械能损失的碰撞。

7. 非弹性碰撞:在碰撞过程中,形变不能完全恢复,机械能不守恒,其中一部分转化为内能(热能)。

【实验步骤与方法】

"碰撞打靶"装置如图 4-1-1 所示,用细绳连在两杆上的铁质"撞击球"11 被吸在升降架上的电磁铁 9 下;与撞击球质量、直径都相同的"被撞球"3 放在升降台上,升降台和升降架可自由调节其高度。可在滑槽内横向移动的竖尺 10 和固定的横尺 5 用于测量撞击球的高度 h、被碰撞的高度 y 和靶心与被撞球的横向距离 x。注意:实验要求切断电磁铁电源时,撞击球下落与被撞球相碰撞,使被撞球击中靶心,分析能量损失的大小及其主要原因。

1. 实验方法

(1)按照靶的位置,计算撞击球应提到何高度才可能预期击中靶心。

(2)进行若干次打靶实验,以确定实际击中的位置;根据此位置,计算 h 值应移动多少才能使其击中靶心。

(3)再进行若干次打靶实验,以确定实际击中靶心时撞击球的 h 值,据此计算碰撞过程前后机械能的总损失。

(4)分析能量损失的各种原因,设想减少损失的方法。

(5)改用不同质量、大小的被撞球进行上述实验,分别找出其能量损失的大小和主要原因。

(6)对上述实验结果进行分析、研究,得出一般性的结论,并提出改进意见。

2. 实验步骤

(1)测量 4 种球的直径和质量并记录数据。

(2)设计实验,研究被撞击球分别为铜球、铁球、铝球时能量转换守恒、动量转换守恒情况。

(3)设计实验,研究被撞击球为同一种球时,改变 h 时能量转换守恒、动量转换守恒情况。

(4)设计实验,研究被撞击球为同一种球时,改变 y 时能量转换守恒、动量转换守恒情况。

3. 设计要求

（1）确定靶的位置 x（15.00～20.00 cm 之间的某一个整数）以及被撞击球的高度 y（11.00～13.00 cm 之间的某一个整数），计算若无能量损失时撞击球的初始高度理想值 h。

（2）在 h 高度进行打靶实验，根据被撞击球的落点调整 h 值，使被撞击球尽可能击中靶心。

（3）再进行四次打靶实验，记录每次打靶的 h 值和 x 值；根据其中最接近靶心的一组数据计算碰撞过程前后损失的机械能。

（4）分析能量损失原因。

【数据记录与处理】

1. 撞击球：铁球质量_____g。被撞击球：铁球质量_____g。

表 4-1-1　铁球碰撞铁球

h/cm	计算值 x_1/cm	实验值 x_2/cm

2. 撞击球：铁球质量_____g。被撞击球：铜球质量_____g。

表 4-1-2　铁球碰撞铜球

h/cm	计算值 x_1/cm	实验值 x_2/cm

3. 撞击球：铁球质量_____g。被撞击球：铝球质量_____g。

表 4-1-3　铁球碰撞铝球

h/cm	计算值 x_1/cm	实验值 x_2/cm

【思考】

1. 你知道单摆的运动规律、碰撞时动量守恒、机械能守恒和平抛运动的规律吗？请仔细回顾，并尽量给出相应答案。

2. 为什么实验前需要调节仪器水平，怎样调水平简单快捷？

3. 为什么要用电磁铁控制撞击球的运动？剩磁可能带来怎样的误差？

4. 你在实验中用何方法实现击中靶心的？有何体会？

实验 4.2　制作万用表

万用表是一种多功能、多量程的便携式电工仪表。一般的万用表可以测量直流电流、交直流电压和电阻,有些万用表还可测量电容、功率、晶体管共射极直流放大系数等。现代生活离不开电,万用表是电工必备的仪表之一,不管是电类还是非电类专业的学生,都应该熟练掌握其工作原理及使用方法。本实验通过学习万用表的制作,使学生进一步掌握电学知识及电工操作技能。

【实验目的】

1. 理解万用表的结构及其工作原理;
2. 掌握锡焊技术的工艺要领;
3. 掌握万用表的使用与调试方法。

【实验仪器】

万用表组件一套,烙铁、焊锡及电工安装工具(起子、尖嘴钳、剥线钳等),数字万用表。

【实验原理】

1. 指针式万用表的组成

指针式万用表的形式很多,但基本结构是类似的。指针式万用表的结构主要由表头、挡位转换开关、测量线路板、面板等组成(见图 4-2-1)。

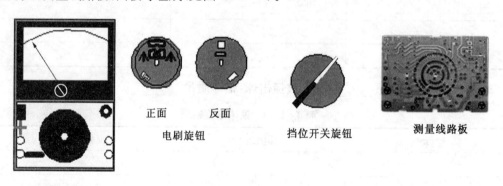

正面　　反面

电刷旋钮　　　　挡位开关旋钮　　　　测量线路板

面板+表头

图 4-2-1　万用表的组成

表头是万用表的测量显示装置,指针式万用表采用"控制显示面板＋表头"一体化结构;挡位开关用来选择被测电学量的种类和量程;测量线路板将不同性质和大小的被测电量转换为表头所能接受的直流电流。万用表可以测量直流电流、直流电压、交流电压和电阻等多种电学量。

2. 万用表的结构

万用表由机械部分、显示部分、电器部分三大部分组成。机械部分包括外壳、挡位开关旋钮及电刷等部分,显示部分是表头,电器部分由测量线路板、电位器、电阻、二极管、电容等组成

（见图 4 - 2 - 2）。

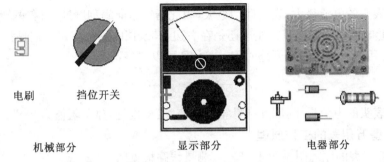

电刷　　　　挡位开关

机械部分　　　　　　　　　显示部分　　　　　　　　　电器部分

图 4 - 2 - 2　万用表的结构

3. 指针式万用表最基本的工作原理

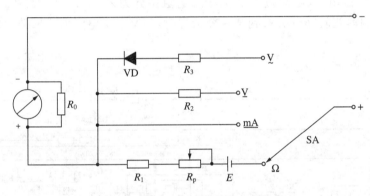

图 4 - 2 - 3　万用表测量原理图

图 4 - 2 - 3 为指针式万用表最基本的工作原理。它由表头、电阻测量挡、电流测量挡、直流电压测量挡和交流电压测量挡几个部分组成,图中"－"为黑表棒插孔,"＋"为红表棒插孔。

测电压和电流时,外部有电流通入表头,因此不需内接电池。

当我们把挡位开关旋钮 SA 打到交流电压挡时,通过二极管 VD 整流,电阻 R_3 限流,由表头显示出交流电压值;当打到直流电压挡时不需二极管整流,仅需电阻 R_2 限流,表头即可显示;打到直流电流挡时既不需二极管整流,也不需电阻 R_2 限流,表头即可显示。

测电阻时将转换开关 SA 拨到"Ω"挡,这时外部没有电流通入,因此必须使用内部电池作为电源。设外接的被测电阻为 R_x,表内的总电阻为 R,形成的电流为 I。由 R_x、电池 E、可调电位器 R_P、固定电阻 R_1 和表头部分组成闭合电路,形成的电流 I 使表头的指针偏转。红表棒与电池的负极相连,通过电池的正极与电位器 R_P 及固定电阻 R_1 相连,经过表头接到黑表棒与被测电阻 R_x 形成回路产生电流使表头显示。回路中的电流为

$$I = \frac{E}{R_x + R}。$$

从上式可知:I 和被测电阻 R_x 不成线性关系,所以表盘上电阻标度尺的刻度是不均匀的。当电阻越小时,回路中的电流越大,指针的摆动越大,因此电阻挡的标度尺刻度是反向分度。

当万用表红黑两表棒直接连接时,相当于外接电阻最小 $R_x = 0$,那么

$$I = \frac{E}{R_x + R} = \frac{E}{R}。$$

此时通过表头的电流最大,表头摆动最大,因此指针指向满刻度处,向右偏转最大,显示阻值为 0 Ω。请看电阻挡的零位是在左边还是在右边,其余挡的零位与它一致吗?

反之,当万用表红黑两表棒开路时 $R_x \rightarrow \infty$,R 可以忽略不计,那么

$$I = \frac{E}{R_x + R} \approx \frac{E}{R_x} \rightarrow 0。$$

此时通过表头的电流最小,因此指针指向电流“0”刻度处,显示阻值为“∞”。

4. MF47 型万用表的工作原理

MF47 型万用表的原理图见图 4-2-4,测量线路板见图 4-2-5。

它的显示表头是一个直流 μA 表,WH2 是电位器,用于调节表头回路中的电流大小,D3、D4 两个二极管反向并联且与电容 CI 并联,用于限制表头两端的电压起保护表头的作用,使表头不至于因电压、电流过大而烧坏。电阻挡分为 ×1 Ω、×10 Ω、×100 Ω、×1 kΩ、×10 kΩ 几个量程,当转换开关打到某一个量程时,与某一个电阻形成回路,使表头偏转,测出阻值的大小。

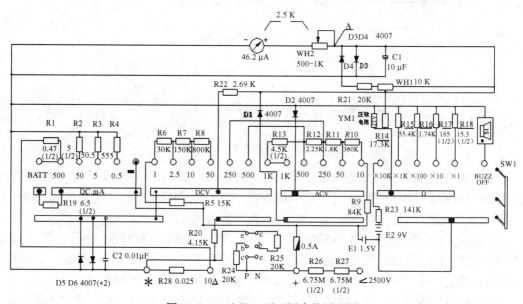

图 4-2-4　MF47 型万用表的原理图

整个万用表由 6 个部分组成:公共显示部分,保护电路部分,直流电流部分,直流电压部分,交流电压部分和电阻部分。线路板上每个挡位的分布见图 4-2-5,上面为交流电压挡,左边为直流电压挡,下面为直流 mA 挡,右边是电阻挡。

MF47 万用表电阻挡工作原理见图 4-2-6,电阻挡分为 ×1 Ω、×10 Ω、×100 Ω、×1 kΩ、×10 kΩ 5 个量程。例如将挡位开关旋钮打到 ×1 Ω 时,外接被测电阻通过“一”端与公共显示部分相连;通过“+”经过 0.5 A 熔断器接到电池,再经过电刷旋钮与 R18 相连,WH1 为电阻挡公用调零电位器,最后与公共显示部分形成回路,使表头偏转,测出阻值的大小。

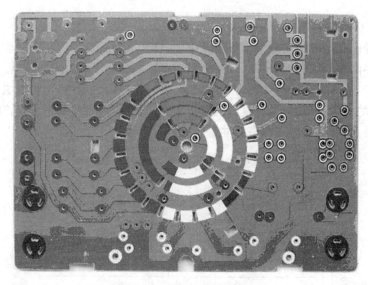

图 4-2-5　测量线路板

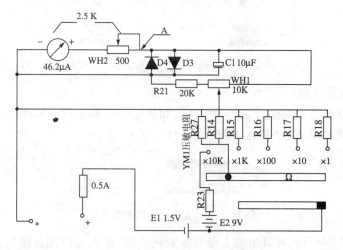

图 4-2-6　万用表电阻挡的工作原理

【实验步骤与方法】

以 MF47 型万用表安装为例。

1. 清点材料

参考材料配套清单,并注意:按材料清单一一对应,记清每个元件的名称与外形;打开时请小心,不要将塑料袋撕破,以免材料丢失;清点材料时请将表箱后盖当容器,将所有的东西都放在里面;清点完后请将材料放回塑料袋备用;暂时不用的请放在塑料袋里;弹簧和钢珠一定不要丢失。

2. 二极管、电容及电阻的认识

在安装前要求每个学生学会辨别二极管、电容及电阻的不同形状,并学会分辨元件的大小与极性。

（1）二极管极性的判断

判断二极管极性时可用实验室提供的万用表，将红表棒插在"＋"，黑表棒插在"－"，将二极管搭接在表棒两端（见图 4-2-7），观察万用表指针的偏转情况，如果指针偏向右边，显示阻值很小，表示二极管与黑表棒连接的为正极，与红表棒连接的为负极，与实物相对照，黑色的一头为正极，白色的一头为负极，也就是说阻值很小时，与黑表棒搭接的是二极管的黑头。反之，如果显示阻值很大，那么与红表棒搭接的是二极管的正极。

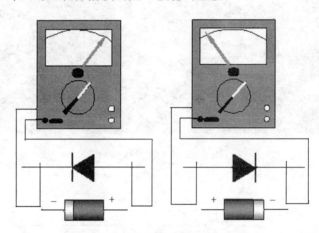

图 4-2-7　用万用表判断二极管的极性

（2）电解电容极性的判断

注意观察在电解电容侧面有"－"，是负极，如果电解电容上没有标明正负极，也可以根据它引脚的长短来判断，长脚为正极，短脚为负极（见图 4-2-8）。

图 4-2-8　电解电容极性的判断

如果已经把引脚剪短，并且电容上没有标明正负极，那么可以用万用表来判断，判断的方法是正接时漏电流小（阻值大），反接时漏电流大。

（3）电阻色环的认识

从材料袋中取出一电阻，注意别的东西不要丢失，封好塑料袋的封口。对照电阻色环表格（表 4-2-1），看它有几条色环，蓝电阻或绿电阻有 5 条色环（见图 4-2-9），其中有一条色环与别的色环间相距较大，且色环较粗，读数时应将其放在右边。

图 4-2-9　蓝电阻或绿电阻的色环

每条色环表示的意义见表 4-2-1,色环电阻左边第 1 条色环表示第 1 位数字,第 2 条色环表示第 2 个数字,第 3 条色环表示乘数,第 4 条色环也就是离开较远并且较粗的色环,表示误差。由此可知,色环为红、紫、绿、棕的电阻,阻值为 27×10^5 Ω$=2.7$ MΩ,其误差为$\pm 1\%$。

表 4-2-1　电阻的色环

颜色	Color	第 1 数字	第 2 数字	第 3 数字(4 环电阻无此环)	乘数	误差
黑	Black	0	0	0	10^0	
棕	Brown	1	1	1	10^1	$\pm 1\%$
红	Red	2	2	2	10^2	$\pm 2\%$
橙	Orange	3	3	3	10^3	
黄	Yellow	4	4	4	10^4	
绿	Green	5	5	5	10^5	$\pm 0.5\%$
蓝	Blue	6	6	6		$\pm 0.25\%$
紫	Purple	7	7	7		$\pm 0.1\%$
灰	Grey	8	8	8		
白	White	9	9	9		
金	Gold				10^{-1}	$\pm 5\%$
银	Silver				10^{-2}	$\pm 10\%$

将所取电阻对照表格进行读数,比如说,第 1 条色环为绿色,表示 5,第 2 条色环为蓝色表示 6,第 3 条色环为黑色表示乘 10^0,第 4 条色环为红色,那么表示它的阻值是 $56 \times 10^0 = 56$ Ω,误差为$\pm 2\%$,对照材料配套清单电阻栏目"R19"$=56$ Ω。

请同学练习试读,对照材料配套清单,检查读出的阻值是否正确。

3. 焊接前的准备工作

（1）清除元件表面的氧化层

元件经过长期存放,会在元件表面形成氧化层,不但使元件难以焊接,而且影响焊接质量,因此当元件表面存在氧化层时,应首先清除元件表面的氧化层。注意用力不能过猛,以免使元件引脚受伤或折断。

清除元件表面的氧化层的方法是(见图 4-2-10):左手捏住电阻或其他元件的本体,右手用锯条轻刮元件引脚的表面,左手慢慢地转动,直到表面氧化层全部去除。为了使电池夹易于焊接,要用尖嘴钳前端的齿口部分将电池夹的焊接点锉毛,去除氧化层。

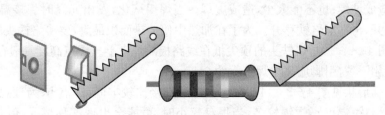

图 4-2-10　清除元件表面的氧化层

（2）元件引脚的弯制成形

左手用镊子紧靠电阻的本体，夹紧元件的引脚（见图 4-2-11），使引脚的弯折处，距离元件的本体有 2 mm 以上的间隙。左手夹紧镊子，右手食指将引脚弯成直角。注意：不能用左手捏住元件本体。

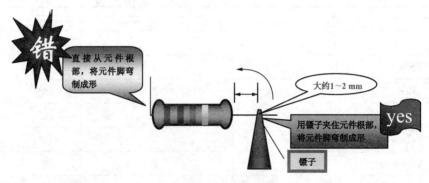

图 4-2-11　元件引脚弯制

为了将二极管的引脚弯成美观的圆形，应用螺丝刀辅助弯制（见图 4-2-12）。将螺丝刀紧靠二极管引脚的根部，十字交叉，左手捏紧交叉点，右手食指将引脚向下弯，直到两引脚平行。

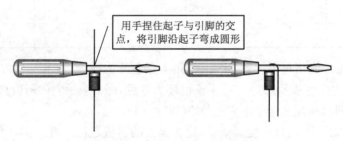

图 4-2-12　用螺丝刀辅助弯制

（3）焊接练习

焊接前一定要注意，烙铁的插头必须插在右手的插座上，不能插在靠左手的插座上，如果是左撇子就插在左手。烙铁通电前应将烙铁的电线拉直并检查电线的绝缘层是否有损坏，不能使电线缠在手上。通电后应将电烙铁插在烙铁架中，并检查烙铁头是否会碰到电线、书包或其他易燃物品。烙铁加热过程中及加热后都不能用手触摸烙铁的发热金属部分，以免烫伤或触电。烙铁架上的海绵要事先加水。

焊接时先将电烙铁在线路板上加热，大约两秒钟后，送焊锡丝，观察焊锡量的多少。焊锡量不能太多，造成堆焊；也不能太少，造成虚焊。当焊锡熔化，发出光泽时焊接温度最佳，应立即将焊锡丝移开，再将电烙铁移开。为了在加热中使加热面积最大，要将烙铁头的斜面靠在元件引脚上（见图 4-2-13），烙铁头的顶尖抵在线路板的焊盘上。焊点高度一般在 2 mm 左右，直径应与焊盘相一致，引脚应高出焊点大约 0.5 mm。

焊点的正确形状见图 4-2-14：焊点 a，一般焊接比较牢固；焊点 b，为理想状态，一般不易焊出这样的形状；焊点 c，焊锡较多，当焊盘较小时，可能会出现这种情况，但是往往有虚焊的可能；焊点 d、e，焊锡太少；焊点 f，提烙铁时方向不合适，造成焊点形状不规则；焊点 g，烙铁

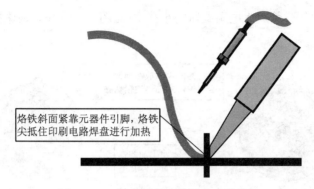

图 4-2-13　焊接时电烙铁的正确位置

温度不够,焊点呈碎渣状,这种情况多数为虚焊;焊点 h,焊盘与焊点之间有缝隙为虚焊或接触不良;焊点 i,引脚放置歪斜。一般形状不正确的焊点,元件多数没有焊接牢固,一般为虚焊点,应重焊。

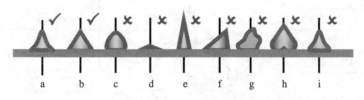

图 4-2-14　焊点的正确形状

4. 元器件的焊接

焊接完后的元器件,要求排列整齐,高度一致(见图 4-2-15)。为了保证焊接的整齐美观,焊接时应将线路板架在焊接木架上焊接,两边架空的高度要一致,元件插好后,要调整位置,使它与桌面相接触,保证每个元件焊接高度一致。焊接时,电阻不能离开线路板太远,也不能紧贴线路板焊接,以免影响电阻的散热。

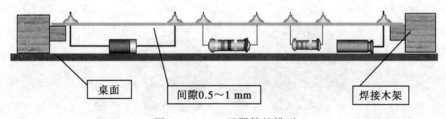

图 4-2-15　元器件的排列

5. 机械部分的安装与调整

(1)提把的旋转方法

将后盖两侧面的提把柄轻轻外拉,使提把柄上的星形定位扣露出后盖两侧的星形孔。将提把向下旋转 90°,使星形定位扣的角与后盖两侧星形孔的角相对应,再把提把柄上的星形定位扣推入后盖两侧的星形孔中。

(2)电刷旋钮的安装

取出弹簧和钢珠,并将其放入凡士林油中,使其粘满凡士林。加油有两个作用:使电刷旋钮润滑,旋转灵活;起黏附作用,将弹簧和钢珠黏附在电刷旋钮上,防止其丢失。

　　将加上凡士林油的弹簧放入电刷旋钮的小孔中(见图 4-2-16),钢珠黏附在弹簧的上方,注意切勿丢失。

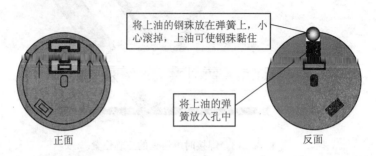

图 4-2-16　弹簧、钢珠的安装

　　观察面板背面的电刷旋钮安装部位(见图 4-2-17),它有 3 个电刷旋钮固定卡、2 个电刷旋钮定位弧、1 个钢珠安装槽和 1 个花瓣形钢珠滚动槽组成。

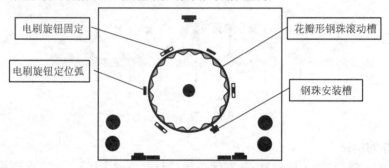

图 4-2-17　面板背面的电刷旋钮安装部位

　　将电刷旋钮平放在面板上(见图 4-2-18),注意电刷放置的方向。用起子轻轻顶,使钢珠卡入花瓣槽内,小心滚掉,然后手指均匀用力将电刷旋钮卡入固定卡。

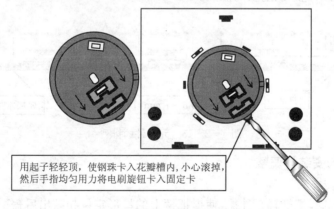

图 4-2-18　电刷旋钮的安装

　　将面板翻到正面(见图 4-2-19),挡位开关旋钮轻轻套在从圆孔中伸出的小手柄上,慢慢转动旋钮,检查电刷旋钮是否安装正确,应能听到“咔哒”、“咔哒”的定位声,如果听不到则可能钢珠丢失或掉进电刷旋钮与面板间的缝隙中,这时挡位开关无法定位,应拆除重装。

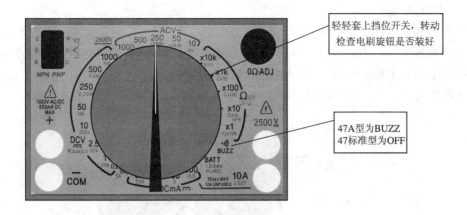

图 4-2-19 检查电刷旋钮是否装好

拆除时,将挡位开关旋钮轻轻取下,用手轻轻顶小孔中的手柄(见图 4-2-20),同时反面用手依次轻轻扳动 3 个定位卡,注意用力一定要轻且均匀,否则会把定位卡扳断。小心钢珠不能滚掉。

(3) 挡位开关旋钮的安装

电刷旋钮安装正确后,将它转到电刷安装卡向上位置(见图 4-2-21),将挡位开关旋钮白线向上套在正面电刷旋钮的小手柄上,向下压紧即可。

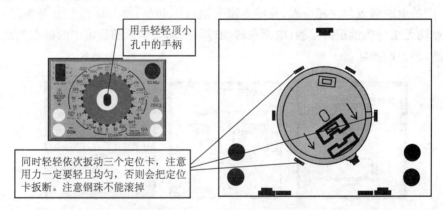

图 4-2-20 电刷旋钮的拆除

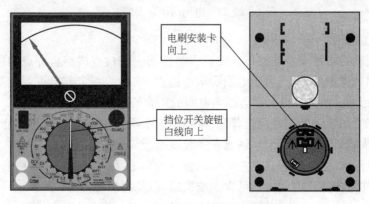

图 4-2-21 挡位开关旋钮的安装

（4）电刷的安装

将电刷旋钮的电刷安装卡转向朝上，V 形电刷有一个缺口，应该放在左下角，因为线路板的 3 条电刷轨道中间 2 条间隙较小，外侧 2 条间隙较大，与电刷相对应。当缺口在左下角时，电刷接触点上面 2 个相距较远，下面 2 个相距较近，一定不能放错（见图 4 - 2 - 22）。电刷四周都要卡入电刷安装槽内，用手轻轻按，看是否有弹性并能自动复位。

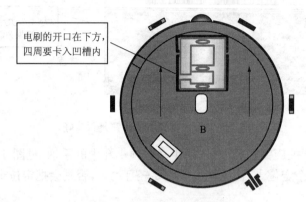

电刷的开口在下方，四周要卡入凹槽内

图 4 - 2 - 22　电刷的安装

如果电刷安装的方向不对，将使万用表失效或损坏（见图 4 - 2 - 23）。图中（a）开口在右上角，电刷中间的触点无法与电刷轨道接触，使万用表无法正常工作，且外侧的两圈轨道中间有焊点，使中间的电刷触点与之相摩擦，易使电刷受损；（b）和（c）使开口在左上角或在右下角，3 个电刷触点均无法与轨道正常接触，电刷在转动过程中与外侧两圈轨道中的焊点相刮，会使电刷很快折断，使电刷损坏。

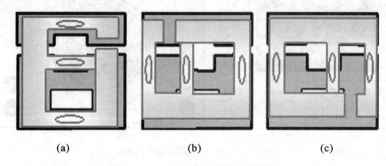

（a）　　　　　　　（b）　　　　　　　（c）

图 4 - 2 - 23　电刷的错误安装方法

（5）线路板的安装

电刷安装正确后方可安装线路板。安装线路板前应先检查线路板焊点的质量及高度，特别是在外侧两圈轨道中的焊点，由于电刷要从中通过，安装前一定要检查焊点高度，不能超过 2 mm，直径不能太大，如果焊点太高会影响电刷的正常转动甚至刮断电刷。

线路板用三个固定卡固定在面板背面，将线路板水平放在固定卡上，依次卡入即可。如果要拆下重装，依次轻轻扳动固定卡。注意在安装线路板前应先将表头连接线焊上。

最后是装电池和后盖，装后盖时左手拿面板，稍高，右手拿后盖，稍低，将后盖向上推入面板，拧上螺丝。注意拧螺丝时用力不可太大或太猛，以免将螺孔拧坏。

6. 万用表的使用与调试

（1）电池极板装错

如果将两种电池极板位置装反，电池两极无法与电池极板接触，电阻挡就无法工作。

（2）电压指针反偏

这种情况一般是表头引线极性接反。如果 DC/A、DC/V 正常，AC/V 指针反偏，则为二极管 D1 接反。

（3）测电压示值不准

这种情况一般是焊接有问题，应对被怀疑的焊点重新处理。

（4）机械调零

旋动万用表面板上的机械零位调整螺钉，使指针对准刻度盘左端的"0"位置。

（5）读数

读数时目光应与表面垂直，使表指针与反光铝膜中的指针重合，确保读数的精度。检测时先选用较高的量程，再根据实际情况，调整量程，最后使读数在满刻度的 2/3 附近。

① 测量直流电压

把万用表两表棒插好，红表棒接"＋"，黑表棒接"－"，把挡位开关旋钮打到直流电压挡，并选择合适的量程。当被测电压数值范围不确定时，应先选用较高的量程，把万用表两表棒并接到被测电路上，红表棒接直流电压正极，黑表棒接直流电压负极，不能接反。根据测出的电压值，再逐步选用低量程，最后使读数在满刻度的 2/3 附近。

② 测量交流电压

测量交流电压时将挡位开关旋钮打到交流电压挡，表棒不分正负极，与测量直流电压相似进行读数，其读数为交流电压的有效值。

③ 测量直流电流

把万用表两表棒插好，红表棒接"＋"，黑表棒接"－"，把挡位开关旋钮打到直流电流挡，并选择合适的量程。当被测电流数值范围不确定时，应先选用较高的量程。把被测电路断开，将万用表两表棒串接到被测电路上，注意直流电流从红表棒流入，黑表棒流出，不能接反。根据测出的电流值，再逐步选用低量程，保证读数的精度。

④ 测量电阻

插好表棒，打到电阻挡，并选择量程。短接两表棒，旋动电阻调零电位器旋钮，进行电阻挡调零，使指针打到电阻刻度右边的"0"Ω 处。将被测电阻脱离电源，用两表棒接触电阻两端，从表头指针显示的读数乘所选量程的分辨率数即为电阻的阻值。如选用×10 Ω 挡测量，指针指示 50，则被测电阻的阻值为：50 Ω×10＝500 Ω。如果示值过大或过小要重新调整挡位，保证读数的精度。

【注意事项】

1. 测量时不能用手触摸表棒的金属部分，以保证安全和测量准确性。测电阻时如果用手捏住表棒的金属部分，会将人体电阻并接于被测电阻而引起测量误差。

2. 测量直流量时注意被测量的极性，避免反偏打坏表头。不能带电调整挡位或量程，避免电刷的触点在切换过程中产生电弧而烧坏线路板或电刷。

3. 测量完毕后应将挡位开关旋钮打到交流电压最高挡或空挡。

4. 不允许测量带电的电阻,否则会烧坏万用表。

5. 表内电池的正极与面板上的"－"插孔相连,负极与面板"＋"插孔相连,如果不用时误将两表棒短接会使电池很快放电并流出电解液,腐蚀万用表,因此不用时应将电池取出。

6. 在测量电解电容和晶体管等器件的阻值时要注意极性。

7. 电阻挡每次换挡都要进行调零。

8. 不允许用万用表电阻挡直接测量高灵敏度的表头内阻,以免烧坏表头。

9. 一定不能用电阻挡测电压,否则会烧坏熔断器或损坏万用表。

【思考】

1. 为什么电阻用色环表示阻值? 黑、棕、红、绿分别代表的阻值是多少?

2. 二极管、电解电容的极性如何判断?

3. 如何正确使用万用表?

4. 万用表的种类有哪些?

实验 4.3　电子温度计的制作

温度是一个重要的物理量,它和我们的生活、生产和科研密切相关,对它进行检测和控制十分必要。测量温度的方法很多,随检测条件和要求的不同选用不同的方法。检测温度的一个重要方法是使用温度传感器。温度传感器是利用材料与温度相关的特性制成的,这些特性包括热膨胀、弹性、电阻、电容、磁性、热电势及光学特性等等。物质的电阻率随温度变化而变化的现象称为热电阻效应。利用热电阻效应,在一定温度范围内,不同的温度对应不同的阻值,再把电阻阻值转化为电流或电压等可示值,亦即把温度这一非电学量转化成电学量(电阻、电流、电压),从而实现对温度的测量。PN 结温度传感器在一定的条件下,有着很理想的热电阻效应,可以用它来制作很精确的电子温度计。

【实验目的】

1. 了解 PN 结温度传感器的正向伏安特性;
2. 理解在恒定小电流条件下,硅二极管 PN 结正向电压与温度的关系,并会测定 PN 结温度传感器的温度系数;
3. 通过与标准数字温度计对比,会将 PN 结正向电压直接标注为温度。

【实验仪器】

直流恒电流源,变阻器,数字万用表,标准数字温度计,可控恒温装置,硅二极管 PN 结温度传感器。

【实验原理】

硅二极管 PN 结温度传感器利用半导体材料的某些性能参数对温度的依赖性,实现对温度的检测功能。PN 结温度传感器相对于其他温度传感器来说,具有灵敏度高、线性好、热响应快、易于实现集成化等优点。

根据半导体理论可知,PN 结的正向压降与其正向电流和温度有关,当正向电流保持不变时,正向压降只随温度而变化,PN 结温度传感器正是利用这一特性实现对温度的检测。

根据半导体物理理论,对于给定的 PN 结材料,在允许的温度变化区间内(对于通常的硅二极管来说,温度范围为$-50\sim150℃$),在恒流供电条件下,PN 结的正向电压 U_F 对温度 T 的依赖关系为:$U_F=U_g-\left(\dfrac{k_B}{q}\ln\dfrac{C}{I_F}\right)T$。

式中:U_g 是绝对零度时 PN 结材料的导带底和价带顶的电势差。对于给定的 PN 结,U_g 是一个定值。k_B 是玻耳兹曼常数,q 是电子电荷量,C 是与 PN 结物理性质有关的常数,对于给定的 PN 结,C 是一个定值,I_F 是 PN 结的正向电流。

由此可知,对于给定的硅二极管 PN 结,在恒流条件下(I_F 恒定),正向电压 U_F 随温度 T 升高而下降,且是线性关系,即:

$$U_F=A-BT,$$

其中 $A=U_g$,$B=\dfrac{k_B}{q}\ln\dfrac{C}{I_F}$。

　　这样,保持流过 PN 结的电流恒定,通过测量 PN 结的正向电压 U_F,就可检测出被测温度 T。

　　本实验并不要求计算和处理 U_F 与 T 的关系,只需在测量出 PN 结的正向电压 U_F 后,通过使用标准数字温度计测量出温度 T,然后将正向电压 U_F 与温度 T 建立对应关系,把 U_F 值直接标注为温度值,亦即制作出了电子温度计。实验原理如图 4 - 3 - 1 所示。

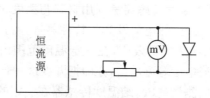

图 4 - 3 - 1　测定 PN 结的正向电压 U_F 与温度 T 的对应关系

【实验步骤与方法】

　　1. 测定 PN 结温度传感器的正向伏安特性。

　　2. 设计实验,在恒定小电流下,研究 PN 正向电压 U_F 与温度 T 的线性关系。

　　3. 设计实验,建立硅二极管 PN 结温度传感器正向电压 U_F 与温度 T 的对应关系,并将正向电压 U_F 直接标注为被测温度。

【注意事项】

　　1. 正确使用恒流源。恒流源的输出电流受到仪器最大输出电压和负载的制约。如果增大输出电流时发现电流不再变化,这就表示对于这一负载,恒流源已达到最大输出电流。

　　2. 为确保获得恒定的小电流,被测电路中应串联入变阻器。

　　3. 测量液体温度时,应使传感器的 80% 浸入液体内。

【思考】

　　1. 实验中有哪些因素会引起测量误差?

　　2. 为什么强调硅二极管 PN 结温度传感器要在恒定小电流条件下使用?

　　3. 若流经 PN 结温度传感器的电流(恒定小电流)不同,则测得的温度与电压关系是否一样?

　　4. 比较流经 PN 结温度传感器的电流(恒定小电流)不同时,温度与电压的线性关系。

【附加内容】

热电偶温度计

　　热电偶的测温原理利用了温差电动势与温差的关系,热电偶由两种不同的金属或合金彼此焊接成一闭合回路构成,如图 4 - 3 - 2 所示。

　　若接触点保持在不同的温度 t 和 t_0,则回路中产生温差电动势。温差电动势的大小只与组成热电偶的材料有关,而与热电偶的长短、金属导线的直径无关。一般来说,热电偶的温差电动势 ε 与温差 $(t - t_0)$ 的关系比较复杂,但在温差较小的情况下,热电偶温差电动势的大小近似地与两接触点的温度差成正比,即:$\varepsilon = a(t - t_0)$,式中 t 是热端温度,t_0 是冷端温度,a 称为温差系数,它代表温差 1℃时的电动势,其大小取决于组成热电偶的材料。

图 4 - 3 - 2　热电偶结构

　　热电偶温差电动势与温差之间具有线性关系,使热电偶测温成为可能。为此先要对热电偶进行分度(通常使 t_0 为冰点,使 t 为一系列的特定温度),记下各相应的电动势,并依此作出电动势与温差的关系曲线。实验中,测出温差电动势,利用这个关系曲线,在冷端温度仍为 t_0(进行分度时的温度)的条件下,就可确定热端 t 的温度(待测温度)。

　　常用的几种标准组分的热电偶,有含铂、铑的铂铑合金丝和纯铂丝配成的铂铑-铂热电偶,由镍、铬、铁、锰的镍铬合金丝和含镍、铝、铁、硅、锰的镍铝合金丝配成的镍铬-镍铝热电偶,以及铜-康铜热电偶等等。热电偶温度计同样具有灵敏度高,响应快,可远距测量等优点。

实验 4.4　超声声速测量与超声测厚

声波是一种在弹性媒质中传播的机械波,频率低于 20 Hz 的声波称为次声波;频率在 20 Hz~20 kHz 的声波可以被人听到,称为可闻声波;频率在 20 kHz 以上的声波称为超声波。

超声波在媒质中的传播速度与媒质的特性及状态因素有关。因而通过对媒质中声速的测定,可以了解媒质的特性或状态变化。例如,测量氯气(气体)、蔗糖(溶液)的浓度,氯丁橡胶乳液的比重以及输油管中不同油品的分界面等等,可以通过测定这些物质中的声速来解决。

在工业中,在非破坏的情况下用超声波来精确测量结构和部件的厚度也是极为重要的。如各种高温高压容器以及原子能工业中的不锈钢管道等,在使用中由于经受腐蚀会使壁厚发生变化,必须定期进行检验以防止发生事故。可见,超声测量技术在工业生产中具有重要地位。

【实验目的】

1. 了解压电换能器的功能,加深对驻波及振动合成等波动理论知识的理解;
2. 学会用共振干涉法、相位比较法和时差法测定超声波的传播速度;
3. 了解超声测厚的原理,掌握超声测厚仪的使用方法。

【实验仪器】

超声声速测量仪,超声测厚仪,待测样品,示波器,游标卡尺。

【实验原理】

波在波动过程中波速 v、波长 λ 和频率 f 之间存在着下列关系 $v=\lambda f$。实验中可通过测定声波的波长和频率来求得声速,常用的方法是共振干涉法和相位比较法。

1. 共振干涉法(驻波法)测量声速的原理

当两束幅度相同、方向相反的声波相交时,产生干涉现象,出现驻波。对于波束 1,$F_1=A\cos(\omega t-2\pi x/\lambda)$;波束 2,$F_2=A\cos(\omega t+2\pi x/\lambda)$;当它们相交时,叠加后的波形成波束 3,$F_3=2A\cos(2\pi x/\lambda)\cos\omega t$。这里的 ω 为声波的角频率,t 为经过的时间,x 为经过的距离。由此可见,叠加后的声波幅度,随距离按 $\cos(2\pi x/\lambda)$ 变化。

如图 4-4-1 所示,压电陶瓷换能器 S_1 作为声波发射器,它由信号源供给频率为数千赫兹的交流电信号,由逆压电效应发出一平面超声波;而换能器 S_2 则作为声波的接受器,正压电效应将接受到的声压转换成电信号,该信号输入示波器,我们在示波器上就可看到一组由声压信号产生的正弦波形。声源 S_1 发出的声波,经介质传播到 S_2,在接收声波信号的同时反射部分声波信号,如果接收面 S_2 与发射面 S_1 严格平行,入射波即在接收面上垂直反射,入射波与发射波相干涉形成驻波。我们在示波器上观察到的实际上是这两个相干波合成后在声波接收器 S_2 处的振动情况。移动面 S_2 位置(即改变 S_1 与 S_2 之间的距离),从示波器显示上会发现当面 S_2 在某些位置时振幅有最小值或最大值。根据波的干涉理论可以知道:任何两相邻的振幅最大值的位置之间(或两相邻的振幅最小值的位置之间)的距离均为

$\lambda/2$。为测量声波的波长,可以在观察示波器上声压幅值的同时,缓慢地改变 S_1 和 S_2 之间的距离,示波器上就可以看到声振动幅值不断地由最大变到最小再变到最大,两相邻的振幅最大之间 S_2 移动过的距离亦为 $\lambda/2$。超声换能器 S_2 至 S_1 之间的距离的改变可通过转动螺杆的鼓轮来实现,而超声波的频率又可由声波测试仪信号源频率显示窗口直接读出。在连续多次测量相隔半波长的 S_2 的位置变化及声波频率 f 以后,我们可运用测量数据计算出声速,再用逐差法处理测量的数据。

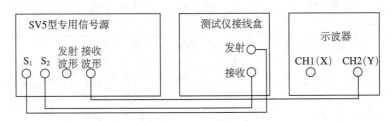

图 4-4-1　时差法接线图

2. 时差法测量声速的原理

以上方法测声速,是用示波器观察波谷和波峰,或观察两个波间的相位差,原理是正确的,但存在读数误差。较精确测量声速的方法是用时差法。时差法在工程中有着广泛的应用,它是将经脉冲调制的电信号加到发射换能器上,声波在介质中传播,经过 t 时间后,到达 L 距离处的接收换能器。所以可以用速度 $v=L/t$ 求出声波在介质中传播的速度。

3. 脉冲回波法测量厚度的原理

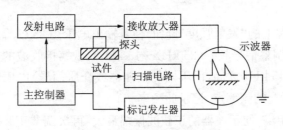

图 4-4-2　超声测厚原理图

超声测厚主要有脉冲回波法、共振法、干涉法等几种。应用较为广泛的是脉冲回波法。如图 4-4-2 所示,发射电路在控制器之下产生发射脉冲,发射脉冲通过探头被转换成超声脉冲射入工件,并被工件底部壁反射回来,反射脉冲返回探头又被转换成电脉冲,经接收放大器后加至示波器的垂直偏转板上,同时标记发生器输出一定时间间隔的标记脉冲也在示波器的垂直偏转板上,扫描电压加至示波器的水平偏转板上,这样在示波器上可以直接观察到发射的脉冲和接收到的回波信号。根据横轴上标记的信号可以测出从发射到接收的时间间隔 t。因此,此超声脉冲在工件中往返传播的时间和工件的厚度 H 之间有如下关系:

$$H=\frac{vt}{2} \text{ 或 } t=\frac{2H}{v},$$

式中 v 为工件材料中的超声声速。

对于未知声速的非钢质材料厚度的测量方法:首先选择该材料做一试块,试块要求上下两表面平行,截面积略大于探头管径,然后用游标卡尺测出试块的厚度。在测厚仪上反复调节声速,使厚度显示值与游标卡尺测出的厚度值相符。此声速设置已符合该种材料的测试要求,即可对该材料的厚度进行实测。

【实验步骤与方法】

1. 声速测量

(1) 声速测量系统的连接

声速测量时,专用信号源、测试仪、示波器之间,连接方法见图 4 - 4 - 3。

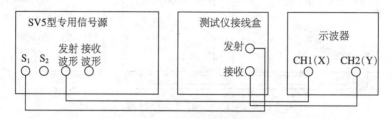

图 4 - 4 - 3　共振振干涉法接线图

(2) 谐振频率的调节

根据测量要求初步调节好示波器。将专用信号源输出的正弦信号频率调节到换能器的谐振频级,使换能器发射出较强的超声波,从而能较好地进行声能与电能的相互转换,以得到较好的实验效果,方法如下:

① 将专用信号源的“发射波形”端接至示波器,调节示波器,能清楚地观察到同步的正弦波信号;

② 调节专用信号源上的“发射强度”旋钮,使其输出电压在 $25 U_{p-p}$ 左右,然后将换能器的接收信号接至示波器,调整信号频率(25 kHz～45 kHz),观察接收波的电压幅度变化,在某一频率点处(34.5 kHz～45 kHz 之间,因不同的换能器或介质而异)电压幅度最大,此频率即是压电换能器 S_1、S_2 相匹配的频率点,记录此频率 f_i;

③ 改变 S_1、S_2 的距离,使示波器的正弦波振幅最大,再次调节正弦信号频率,直至示波器显示的正弦波振幅达到最大值。共测 5 次取平均频率 f。

(3) 共振干涉法、相位法、时差法测量声速的步骤

① 共振干涉法(驻波法)测量波长

将测试方法设置到连续方式。按前面实验内容(2)的方法,确定最佳工作频率。观察示波器,拨到接收波形的最大值,记录幅度为最大时的距离,由数显尺上直接读出或在机械刻度上读出,记下 S_2 位置 x_0。然后,向着同方向转动距离调节鼓轮,这时波形的幅度会发生变化,同时在示波器上可以观察到来自接收换能器的振动曲线波形发生相移,逐个记下振幅最大的 x_1,x_2,x_3,…共 10 个点,单次测量的波长 $\lambda_i = 2|x_i - x_{i-1}|$,用逐差法处理这十个数据,即可得到波长 λ。

声速的计算:已知波长 λ 和平均频率 f(频率由声速测试仪信号源频率显示窗口直接读出),则声速 $v = \lambda f$,因声速还与介质温度有关,记下介质温度 $t°C$。

② 时差法测量声速

a. 空气介质

测量空气声速时将专用信号源上"声速传波介质"置于"空气"位置,发射换能器(带有转轴)用紧固螺钉固定,然后将话筒插头插入接线盒中的插座中。

将测试方法设置到脉冲波方式。把 S_1 和 S_2 之间的距离调到一定距离($\geqslant 50$ mm)。开启数显表头电源,并置 0,再调节接收放大,使示波器上显示的接收波信号幅度在 $300 \sim 400$ mV 左右(峰-峰值),计时器工作在最佳状态。然后记录此时的距离值和显示的时间值 L_{i-1}、t_{i-1}(时间由声速测试仪信号源时间显示窗口直接读出)。移动 S_2,记录下这时的距离值和显示的时间值 L_i、t_i。则声速 $v = (L_i - L_{i-1})/(t_i - t_{i-1})$,记下介质温度 t℃。

需要说明的是,由于声波的衰减,移动换能器使测量距离变大时如果测量时间值出现跃变,则应顺时针方向微调"接收放大"旋钮,以补偿信号的衰减,反之当测量距离变小时,如果测量时间值出现跃变,则应逆时针微调"接收放大"旋钮,使得计时器能够正确记时。

b. 液体介质

当使用液体为介质测试声速时,先小心将金属测试架从储液槽中取出。取出时应用手指稍稍抵住储液槽,再向上取出金属测试架。然后向储液槽注入液体,直至液面线处,但不要超过液面线。注意:在注入液体时,不能将液体淋在数显表头上。然后将金属测试架装回储液槽。专用信号源上"声速传播介质"置于"液体"位置,换能器的连接线接至测试架上的"液体"专用插座上,即可进行测试,步骤与 a 相同,记下介质温度 t℃。

c. 固体介质

测量非金属(有机玻璃棒)、金属(黄铜棒)固体介质中声速时,可按以下步骤进行实验:

(a) 将专用信号源上的"测试方法"置于"脉冲波"位置,"声速传播介质"按测试材质的不同,置于"非金属"或"金属"位置。

(b) 先拔出发射换能器尾部的连接插头,再将待测的测试棒的一端面小螺柱旋入接收换能器中心螺孔内,再将另一端面的小螺柱旋入能旋转的发射换能器上,使固体棒的两端面与两换能器的平面可靠、紧密接触。注意:旋紧时,应用力均匀,不要用力过猛,以免损坏螺纹及储液槽,拧紧程度要求两只换能器端面与被测棒两端紧密接触即可。调换测试棒时,应先拔出发射换能器尾部的连接插头,然后旋出发射换能器的一端,再旋出接收换能器的一端。

(c) 把发射换能器尾部的连接插头插入接线盒的插座中,按图接线,即可开始测量。

(d) 记录信号源的时间读数,单位为 μs。测试棒的长度可用游标卡尺测量得到并记录。

(e) 用以上方法调换第二长度及第三长度的被测棒,重新测量并记录数据。

(f) 用逐差法处理数据,根据不同被测棒的长度差和测得的时间差计算出被测棒中的声速 v。

2. 超声测厚

(1) 校准仪器

仪器在测量之前和测量中改变量程、改变最小读数单位或更换探头时,必须按下述两点校准法进行校准:

① 将探头选择开关、量程开关、最小显示单位开关置于相应位置,声速调到 5850,探头与试块耦合。

② 选一仪器配附的钢阶梯试块作测件,调声速微调旋钮,使厚度显示值与该试块的实际厚度相同。

（2）测钢质材料的厚度

校准仪器后，即消除了探头的零点误差。先在钢质试块上滴少许耦合剂，再将探头垂直压在试块上面，保持接触良好，即可测出试块的厚度。

（3）测已知声速（如 $v=2730$ m/s）的非钢质材料的厚度

① 将钢试块的厚度折算成被测材料的厚度值

如：$H_{(10mm)}=\dfrac{2730}{5850}\times 10$ mm $=4.67$ mm。

② 调声速显示为 2730，选 10 mm 钢试块作测件，调声速微调旋钮，使对应的厚度显示为 4.67 mm。

③ 实测非钢质材料的厚度。

【实验数据记录与处理】

1. 自制表格记录所有的实验数据，表格要便于用逐差法求相应的差值和计算 λ。

2. 以空气介质为例，计算出共振干涉法测得的波长平均值 λ，及其标准偏差 S_λ，同时考虑仪器的示值读数误差（为 0.01 mm）。经计算可得波长的测量结果。

3. 按理论值公式 $v_s=v_0\sqrt{\dfrac{T}{T_0}}$，计算出理论值 v_s。

式中 $v_0=331.45$ m/s 为 T_0 时的声速，$T=(t-273.15)$ K。

4. 计算出通过两种方法测量的 v 以及 Δv，其中 $\Delta v=v-v_s$。

将实验结果与理论值比较，计算百分比误差，并分析误差产生的原因。实验结果可写成：在室温为 _____ ℃时，用共振干涉法（相位法）测得超声波在空气中的传播速度 v 为 _____，$\delta=\dfrac{\Delta v}{v_s}=$ _____ %。

5. 记录用时差法测量非金属棒及金属棒的实验数据：

（1）三根材质相同，但长度不同待测棒的长度；

（2）每根待测棒所测得相对应的声速；

（3）用逐差求相应的差值，然后通过计算与理论声速传播测量参数进行比较，并计算百分误差。

6. 记录用脉冲回波法测量钢质试块和非钢质试块的厚度。

【注意事项】

1. 在测试槽内注入液体时请用液体进出通道。在液体（水）作为传播介质测量时，严禁将液体（水）滴到数显尺杆和数显表头内，如果不慎将液体（水）滴到数显尺杆和数显表头上请用 70℃ 以下的温度将其烘干，才可使用。

2. 每次使用完毕后，用干燥清洁的抹布将测试架及螺杆清洁干净。

3. 测试架体为有机玻璃，容易破碎，使用时应谨慎，以防止发生意外。

4. 测厚用的试块必须去除污物和锈蚀。

5. 测量厚度时，探头与试块之间必须有耦合剂。

【思考】

1. 声速测量中共振干涉法、时差法有何异同？
2. 为什么发射换能器的发射面与接收换能器的接收面要保持互相平行？
3. 声音在不同介质中传播有何区别？声速为什么会不同？
4. 超声测厚仪能测量固体中的声速吗？

实验 4.5 照明线路安装

在低压电网中,照明线路与人们的生活、生产关系最为密切,照明线路的设计及安装也是低压电工必须掌握的基本技能。它涉及到对线路中各种器件原理的理解及使用,对各种照明灯具工作原理及控制方式的掌握,对导线的选择、电工工艺的应用、安全用电以及常见故障的排除。本实验通过在照明线路安装板上的集成化实验,使学生掌握照明线路设计及安装的基本技能。

【实验目的】

1. 了解照明线路的组成以及了解电能计量、线路控制、负载之间的关系;
2. 了解电度表、空气开关的工作原理,并能根据线路设计中的负载大小选择相应规格的电能表、空气开关、导线;
3. 掌握日光灯工作原理,并学会安装;
4. 学习布线、接线等基本电工工艺;
5. 会排除照明线路中的一般常见故障。

【实验仪器】

照明线路安装板,电度表(5 A),空气开关(10 A),日光灯组(20 W),开关,插座,导线(1.0 mm²/1.5 mm²),电工工具。

【实验原理】

1. 电度表的结构、原理及接线

(1) 电度表的分类

电度表用于测量电能,它是生产和生活中常见的一种仪表。根据电度表的工作原理不同可分为感应式、电动式和磁电式三种;根据接入电源的性质不同可分为交流电度表和直流电度表;根据测量对象不同可分为有功电度表和无功电度表;根据测量准确度不同可分为 3.0 级、2.0 级、1.0 级、0.5 级、0.1 级电度表等;根据电度表接入电源相数不同可分为单相电度表和三相电度表。本实验使用单相交流有功电度表。

(2) 感应式电度表结构及原理

① 电度表结构的电磁和电路

感应式电度表的铁芯结构,一般如图 4-5-1 所示。

电流元件铁芯 1 和电压元件铁芯 2 之间留有间隙,铝盘 3 能在间隙中自由转动。电压元件铁芯上装有钢板冲制成的回磁板 4。回磁板下端伸入铝盘下部,隔着铝盘和电压元件的铁芯相对应,构成电压线圈工作磁通的回路。

电度表工作时,电压线圈的电流 i_u 产生的磁通分为两部分,一部分是穿过铝盘并由回磁板构成回路的工作磁通 Φ_u,另一部分是不穿过铝盘而由左右铁轭构成回路的非工作磁通 Φ_u'。电流线圈通过电流 i 时,产生磁通 Φ_i,该磁通两次穿过铝盘,并通过电流元件铁芯构成回路,电度表磁路如图 4-5-2 所示。

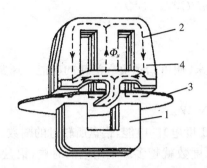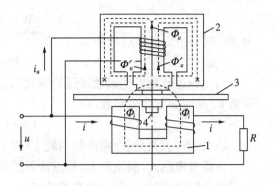

1—电流元件铁芯；2—电压元件铁芯；3—铝盘；4—回磁板

图 4-5-1　感应式电度表的铁芯结构　　　　　图 4-5-2　电度表的电流和磁路

② 铝盘转矩的产生

由于电压元件和电流元件产生的交流磁通 Φ_u 与 Φ_i 之间存在着相位差,因此当它们穿过铝盘时,便在铝盘上产生一个合成磁场。由于铝盘是一个封闭回路,在铝盘上将会产生感应电流,因此,电流与磁场相互作用便产生铝盘转矩,转矩方向与合成磁场方向相同。

电度表接入电路后,电压线圈两端加的是线路电压 u,电流线圈通过负载电流 i,如果负载是感性的,则 i 滞后于 u 一个 φ。图 4-5-3 是假定电压线圈为纯电感、圆盘为纯电阻、电压和电流的电磁铁无磁滞损耗所作出的简化相量图。

负载电流 i 使串联电磁铁 1 内产生磁通 Φ_i,Φ_i 与 i 成正比并且同相位;电压 u 加在电压线圈两端,接在电压线圈上的电流 i_u 使电磁铁 2 内产生磁通 Φ_u,Φ_u 与 u 成正比并且比 u 滞后 90°(Φ_u 与 i_u 同相位),交流电流 i 和 i_u 分别通过两个固定电磁铁的线圈,产生在时间上有一个相位差角 φ 的两个交变磁通 Φ_i 和 Φ_u 穿过铝盘,在铝盘内分别感应出滞后于它们 90° 的电动势 E_i 和 E_u,E_i 和 E_u 又分别在铝盘上感应出涡流 I_u 和 I_i,作用在铝盘上的诸磁通和涡流,产生合成转矩 M 使铝盘逆时针转动起来。合成转矩的大小与负载电路的有功功率 P 成正比,即

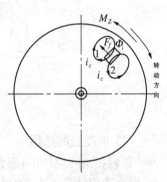

图 4-5-3　制动力矩的产生

$$M=CP$$

或

$$M=Cuicos\,\varphi。(C\ 为常数)$$

当铝盘转动时,便切割制动磁铁(永久磁铁)的磁感应线,也在铝盘内产生涡流,此涡流与永久磁铁磁场相互作用而产生与作用转矩 M 方向相反的制动转矩 M_z(也叫反作用转矩)。M_z 与转盘的转速 n 成正比,即

$$M_z=Kn。$$

当作用转矩 M 与制动转矩 M_z 相等时,即

$$CP=Kn,$$

则铝盘以恒定的速度进行转动

$$n=CP/K,$$

说明负载有功功率 P 越大,圆盘转动的越快,是成正比的关系。在一段时间 t 内的电能为

$$W=Pt=Knt/C,$$

nt 是 t 时间内铝盘转过的圈数 N,即

$$W=KN/C。$$

因此通过计数器把铝盘转过的圈数 N 记录下来,便可指示负载消耗的电能。通常把比例常数 C/K 叫做电度表常数,即

$$C_0=C/K=N/W。$$

C_0 的物理意义是:电路中每消耗 $1\,\text{kW} \cdot \text{h}$(即 1 度电)的电能,铝盘所转过的圈数。

负载电流越大,涡流越大,铝盘转得越快,用电度数就越多。不用电的时候,铝盘应不转,如果铝盘转动,说明电度表没有校验好。

(3) 单相电度表接线

单相交流电度表可直接接在电路上,其接线方式有两种:顺入式和跳入式,如图 4-5-4 所示。常见为跳入式。

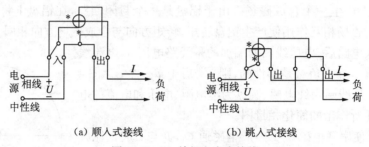

(a) 顺入式接线　　　　　　(b) 跳入式接线

图 4-5-4　单相电度表接线

(4) 电度表的选用

我们在实际应用中,应合理选用电度表的规格,如果选用的电度表规格过大,而用电量过小,则会造成计量不准;如果选用的规格过小,则会使电度表过载,严重时有可能烧毁电度表。通常可按下列方法参照选择:单相电度表,额定电压为 220 V 时,1 A 电度表的最小负载功率为 11 W,最大负载功率为 440 W;2.5 A 单相电度表的最小使用功率为 27.5 W,最大可达到 1100 W;5 A 单相电度表的最小使用功率为 110 W,最大可达 2200 W;10 A 单相电度表的最小使用功率为 110 W,最大可达 4400 W;30 A 单相电度表的最小使用功率 330 W,最大可达 13200 W。

2. 自动开关结构及工作原理

自动开关,又称自动空气断路器,它相当于闸刀开关、熔断器、热继电器和欠电压继电器的组合。线路发生短路、过载(过电流)、欠压故障时,可以自动切断电路,是配电设备中应用最普遍的一种保护电器设备。

(1) 自动开关结构

由触点系统、灭弧系统、脱扣器及机械传动机构组成。

① 触点系统:电路开关的执行部件,一般用银或银合金制成触点,以降低接触电阻。

② 灭弧系统:触点分断时会产生强烈的电弧,烧毁触点,灭弧系统可以熄灭电弧,保护触点。

③ 脱扣器:电路自动切断的控制部件,包括过流脱扣器、欠压脱扣器等。

(2) 自动开关的分类

低压断路器有多种分类方法:按极数分,有单极、双极、三极和四极;按灭弧介质分,有空气式和真空式;按动作分,有快速型和一般型等。各种断路器的外观图如图4-5-5所示。

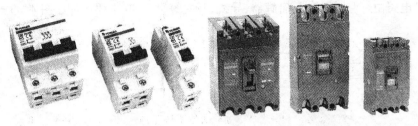

(a) 高分断小型断路器　　　　　　(b) 三相断路器

图4-5-5　各种断路器的外观图

(3) 工作原理

以三极自动开关为例,合上开关后,当电路正常情况下,主触点2闭合,脱扣器结构连杆3被锁钩4锁住。主触点2保持在通电状态。380 V线电压将欠压脱扣器6吸合,而额定相电流产生的吸力不能吸动过流脱扣5,如图4-5-6所示。

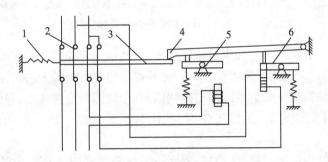

1—弹簧;2—主触点;3—脱扣器结构连杆;4—锁钩;5—过流脱扣器;6—欠压脱扣器

图4-5-6　自动开关工作原理

当电路过载或发生短路时,过流脱扣器5电磁铁吸合,并将锁钩4撞开,在弹簧拉力1的作用下使主触点2迅速分开,断开电路。

当电压降低时,欠压脱扣器6吸力无法保持吸合状态,将锁钩4撞开切断电路。当电源电压恢复正常时,必须重新合上自动开关后才能工作,实现了欠压保护。

(4) 电路符号如图4-5-7所示。

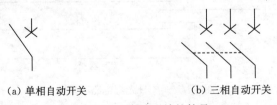

(a) 单相自动开关　　　　　　　(b) 三相自动开关

图4-5-7　自动开关的符号

(5) 型号:包括DW系列(框架式)和DZ系列(塑料外壳式)两种。

(6) 自动开关的选用应遵循以下原则:自动开关的额定电压≥线路或设备的额定电压,自动开关的额定电流≥负载工作电流。

3. 日光灯工作原理及接线

（1）日光灯组成

日光灯电路由灯管、镇流器、启辉器、导线、开关等组成,其主要部件如图4-5-8所示。

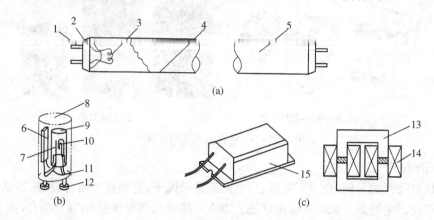

(a)

(b)   (c)

1—灯脚;2—灯头;3—灯丝;4—荧光粉;5—玻璃管;6—电容器;7—静触片;8—外壳;
9—氖泡;10—动触片;11—绝缘底座;12—出线脚;13—铁芯;14—线圈;15—金属外壳

图4-5-8 日光灯电路的主要部件结构

日光灯管内充注有惰性气体和少量水银蒸气,较高的电压能使管内气体电离而导电,同时发出大量紫外线,通过紫外线激发管壁上的荧光粉而发出类似于日光的可见光。

镇流器的主要结构是一带有铁芯的自感线圈,利用线圈的自感作用,在开启日光灯的瞬间产生自感高压,将日光灯启辉,正常工作时,利用其感抗分担一部分电压,维持日光灯正常工作。

启辉器的主要结构是一对静、动触片,置于一氖气玻璃泡中,当静、动触片间电弧放电时,产生的热量能使动触片膨胀,从而使静、动触片接触,将电路接通。电路接通后,电弧放电停止,动触片冷却收缩,又会把电路断开。开启日光灯时,它相当于一个连续通、断的开关。

（2）日光灯工作原理

日光灯电路原理图如图4-5-9所示。

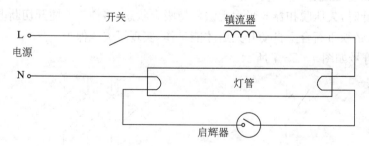

图4-5-9 日光灯电路原理图

合上开关,接通电路,电压加于启辉器,静、动触片间电弧放电,使动触片受热膨胀而与静触片接触,于是电弧放电停止,动触片冷却收缩将电路断开,此时,镇流器产生瞬间自感高压(400 V左右),加于灯管两端,而将灯管内气体击穿、灯管导电发光。灯管发光时,电流只流经镇流器和灯管,日光灯启辉后,镇流器起分压作用,灯管两端的实际工作电压只有

110 V 左右。

4. 导线的选用

导线作为电流的载体,选用时主要考虑导线的允许载流量是否能满足正常工作时通过的实际最大电流量。

导线的允许载流量是指不超过最高工作温度的条件下,允许长期通过的最大电流,故也称安全载流量。这是导线的一项重要的安全特性指标。500 V 铜芯绝缘导线的允许载流量见表 4-5-1。

【实验步骤与方法】

在照明线路安装板上按图 4-5-10 接线,选择相应规格的器件和导线,进行安装。要求日光灯 20 W,插座输出功率容量 3000 W。

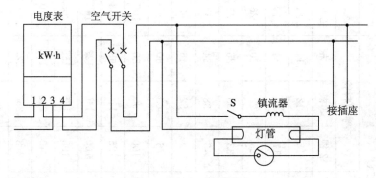

图 4-5-10　照明线路

【注意事项】

1. 实验前,应查阅照明电器布线的相关规范要求。
2. 实验前,应首先练习相关电工工艺的操作,如器件定位、剥线、绞线等。

【思考】

1. 照明线路布线有哪些要求?
2. 一般灯具的安装要求是什么?
3. 如何根据负载情况,确定计算负载和选择导线?
4. 安装好后的日光灯,常会出现故障,分析可能出现的故障及其原因,并思考应如何排除故障。
5. 电度表是如何工作的?

表4-5-1　500 V 铜芯绝缘导线长期连续负荷允许载流量表

导线截面/mm²	线芯结构			导线明敷设允许负荷电流/A 25℃		橡皮绝缘导线多根同穿在一根管内时,允许负荷电流/A 25℃						塑料绝缘导线多根同穿在一根管内时,允许负荷电流/A 25℃					
	股数	单芯直径/mm	成品外径/mm	橡皮	塑料	穿金属管			穿塑料管			穿金属管			穿塑料管		
						2根	3根	4根	2根	3根	4根	2根	3根	4根	2根	3根	4根
1.0	1	1.13	4.4	21	19	15	14	12	13	12	11	14	13	11	12	11	10
1.5	1	1.37	4.6	27	24	20	18	17	17	16	14	18	17	16	16	15	13
2.5	1	1.76	5.0	35	32	28	25	23	25	22	20	26	24	22	24	21	19
4	1	2.24	5.5	45	42	37	33	30	33	30	26	35	31	28	31	28	25
6	1	2.73	6.2	58	55	49	48	39	43	38	34	47	41	37	41	36	32
10	7	1.33	7.8	85	75	68	60	53	59	52	46	65	57	50	56	49	44
16	7	1.68	8.8	110	105	86	77	69	76	68	60	82	73	65	72	65	57
25	10	1.28	10.0	145	138	113	100	90	100	90	80	107	95	85	95	85	75
35	10	1.51	11.8	180	170	140	122	110	125	110	98	133	115	105	120	105	93
50	19	1.81	13.8	230	215	175	154	137	160	140	123	165	146	130	150	132	117
70	49	1.33	17.3	285	265	215	193	173	195	175	155	205	183	165	185	167	148
95	84	1.20	20.8	345	325	260	235	210	240	215	195	250	225	200	230	205	185
120	133	1.08	21.7	400	—	300	270	245	278	250	227	—	—	—	—	—	—
150	37	2.24	22.0	470	—	340	310	280	320	290	265	—	—	—	—	—	—
185	37	2.49	24.2	540	—	—	—	—	—	—	—	—	—	—	—	—	—
240	61	2.21	27.2	660	—	—	—	—	—	—	—	—	—	—	—	—	—

附　录

附录1　中华人民共和国法定计量单位

我国的法定计量单位包括：

(1) 国际单位制的基本单位(见附表1-1)；

(2) 国际单位制的辅助单位(见附表1-2)；

(3) 国际单位制具有专门名称的导出单位(见附表1-3)；

(4) 国家选定的非国际制单位(见附表1-4)；

(5) 由以上单位构成的组合形式单位；

(6) 由词冠和以上单位所构成的十进倍数和分数单位(词冠见附表1-5)。

附表1-1　国际单位制的基本单位

量的名称	单位名称	单位符号
长度	米	m
质量	千克(公斤)	kg
时间	秒	s
电流	安[培]	A
热力学温度	开[尔文]	K
物质的量	摩[尔]	mol
发光强度	坎[德拉]	cd

附表1-2　国际单位制的辅助单位

量的名称	单位名称	单位符号
平面角	弧度	rad
立体角	球面度	sr

附表 1-3　国际单位制中具有专门名称的导出单位

量的名称	单位名称	单位符号	其他表示式例
频率	赫[兹]	Hz	s^{-1}
力、重力	牛[顿]	N	$kg \cdot m/s^2$
压力、压强、应力	帕[斯卡]	Pa	N/m^2
能量、功、热量	焦[耳]	J	$N \cdot m$
功率、辐射通量	瓦[特]	W	J/s
电荷、电量	库[仑]	C	$A \cdot s$
电位、电压、电动势	伏[特]	V	W/A
电容	法[拉]	F	C/V
电阻	欧[姆]	Ω	V/A
电导	西[门子]	S	A/V
磁通量	韦[伯]	Wb	$V \cdot s$
磁通密度、磁感应强度	特[斯拉]	T	Wb/m^2
电感	亨[利]	H	Wb/A
摄氏温度	摄氏度	℃	
光通量	流明	lm	$cd \cdot sr$
[光]照度	勒[克斯]	lx	lm/m^2
[放射性]活度	贝可[勒尔]	Bq	s^{-1}
吸收剂量	戈[瑞]	Gy	J/kg
剂量当量	希[沃特]	Sv	J/kg

附表 1-4　国家选定的非国际制单位

量的名称	单位名称	单位符号	换算关系和说明
时间	分 [小]时 天[日]	min h d	1 min = 60 s 1 h = 60 min = 3 600 s 1 d = 24 h = 86 400 s
平面角	[角]秒 [角]分 度	(″) (′) (°)	$1'' = (\pi/648\ 000)rad$ $1' = 60'' = (\pi/10\ 800)rad$ $1° = 60' = (\pi/180)rad$
旋转速度	转每分	r/min	$1\ r/min = (1/60)s^{-1}$
长度	海里	nmile	1 nmile = 1 852 m (只适用于航程)
速度	节	kn	1 kn = 1 nmile/h = (1 852/3 600)m/s (只适用于航行者)

量的名称	单位名称	单位符号	换算关系和说明
质量	吨 原子质量单位	t u	$1\ t = 10^3\ kg$ $1\ u = 1.660\ 565\ 5 \times 10^{-27}\ kg$
体积	升	L，(l)	$1\ L = 1\ dm^3 = 10^{-3}\ m^3$
能	电子伏特	ev	$1\ ev = 1.602\ 189\ 2 \times 10^{-19}\ J$
级差	分贝	dB	
线密度	特［克斯］	tex	$1tex = 1\ g/km$

附表 1-5　用于构成十进倍数和分数单位的词冠

所表示因素	词冠名称	词冠符号
10^{18}	艾［可萨］	E
10^{15}	拍［它］	P
10^{12}	太［拉］	T
10^{9}	吉［咖］	G
10^{6}	兆	M
10^{3}	千	k
10^{2}	百	h
10^{1}	十	da
10^{-1}	分	d
10^{-2}	厘	c
10^{-3}	毫	m
10^{-6}	微	μ
10^{-9}	纳［诺］	n
10^{-12}	皮［可］	p
10^{-15}	飞［母托］	f
10^{-18}	阿［托］	a

注：① 周、年、月(年的符号为 a)为一般常用时间单位。
　　② ［　］内的字，是在不混淆的情况下，可以省略的字。
　　③ (　)内的字为前者的同义语。
　　④ 角度单位度、分、秒的符号不处于数字后时，用括弧。
　　⑤ 升的符号中，小写字母 l 为备用符号。
　　⑥ r 为转的符号。
　　⑦ 日常生活和贸易中，质量习惯称为重量。
　　⑧ 公里为千米的俗称，符号为 km。
　　⑧ 10^4 称为万，10^8 称为亿，10^{12} 称为万亿，这类数字的使用不受词冠名称的影响，但不应与词冠混淆。

附录 2　物理学常用基本常数

物理名称	符号	主值	计算使用值
真空中光速	c	299 792 485 m·s^{-1}	3.00×10^8
万有引力恒量	G	$6.672\ 0\times10^{-11}$ N·m^2·kg^{-2}	6.67×10^{-11}
标准重力加速度	g_N	9.80065 m·s^{-2}	9.8
标准大气压	p_0	1.01325×10^5 Pa	1.013×10^5
阿伏伽德罗常数	N_A	$6.022\ 045\times10^{23}$ mol	6.02×10^{23}
玻耳兹曼常数	K_B	$1.380\ 622\times10^{-23}$ J·K^{-1}	1.38×10^{-23}
理想气体在标准状态下的摩尔体积	V_m	$22.413\ 6\times10^{-3}$ m^3·mol^{-1}	22.4×10^{-3}
摩尔气体常数(普适气体常数)	R	8.314 41 J·mol^{-1}·K^{-1}	8.31
洛施密特常数	n_0	$2.686\ 78\times10^{25}$ 10^{-3}	2.687×10^{25}
普朗克常数	h	$6.626\ 176\times10^{-34}$ J·S	6.63×10^{-34}
基本电荷	e	$1.602\ 189\ 2\times10^{-19}$ C	1.602×10^{-19}
原子质量单位	u	$1.660\ 565\ 5\times10^{-27}$ kg	1.66×10^{-27}
电子静止质量	m_e	$9.109\ 543\times10^{-31}$ kg	9.11×10^{-31}
电子荷质比	$\dfrac{e}{m}$	$1.758\ 804\ 7\times10^{11}$ C·kg^{-1}	1.76×10^{11}
质子静止质量	m_p	$1.672\ 648\ 5\times10^{-27}$ kg	1.673×10^{-27}
中子静止质量	m_n	$1.674\ 954\ 3\times10^{-27}$ kg	1.675×10^{-27}
法拉第常数	F	$9.648\ 465\times10^4$ C·mol^{-1}	9.65×10^4
真空电容率	ε_0	$8.854\ 187\ 818\times10^{-12}$ F·m^{-1}	8.85×10^{-12}
真空磁导率	μ_0	$1.256\ 637\ 061\ 44\times10^{-6}$ H·m^{-1}	$4\pi\times10^{-7}$
里德伯常数	R_∞	$1.097\ 373\ 177\times10^7$ m^{-1}	1.097×10^7

参 考 文 献

[1] 陈聪. 大学物理实验. 国防工业出版社,2008.

[2] 高海林. 实验物理. 机械工业出版社,2007.

[3] 吴大江,唐小迅. 新世纪物理学实验教程,北京邮电大学出版社,2007.

[4] 周殿清. 基础物理实验. 科学出现版社,2009.

[5] 原所佳. 物理实验教程(第二版). 国防工业出版社,2008.

[6] 付淑英. 应用物理基础. 北京理工大学出版社,2007.

[7] 鲁刚. 物理实验. 化学工业出版社,2009.

[8] 曾仲宁,牛英煜. 大学物理实验. 中国铁道出版社,2008.

[9] 卢德馨. 大学物理实验. 高等教育出版社,2003.

[10] 宋延良,李波. 物理·电工学基础. 人民邮电出版社,2005.

[11] 丁益民,徐杨子. 大学物理实验. 科学出版社,2008.

[12] 电工学手册编辑委员会(日),马杰、何希才等译. 电工学实用手册. 科学出版社,2005.

[13] 孙友. 电工基础及实训. 电子工业出版社,2007.

[14] 张田林. 应用物理基础. 河海大学出版社,2008.